JN039793

基礎から学ぶ 量子コンピューティング

イジングマシンのしくみを中心に

工藤 和恵 著

Ohmsha

はじめに

　本書を手にとって読んでいただいている人は、量子コンピュータに興味が
あるか、少なくとも量子コンピュータという言葉を耳にしたことがある方で
しょう。最近では、量子コンピュータについて書かれた入門書も増えてきま
した。インターネットで検索すれば、量子コンピューティングの入門教材が
いくつも見つかります。特に、ネット上の教材の多くは、コピペ（コピー＆
ペースト）するだけで、あるいは実行ボタンを押すだけで、すぐに計算を実
行できます。でも、実行できて結果が出てきたところで、結局何ができたの
かわからないと思ったことはありませんか。本書は、その段階から一歩前進
する手助けになることを目的としています。

　「量子コンピューティング」は量子コンピュータを用いた計算手法のことで
す。量子コンピュータには、大別してゲート型量子コンピュータとアニーリ
ング型量子コンピュータがあります。また、量子コンピュータではないです
が、アニーリング型量子コンピュータに着想を得て開発された、疑似量子コ
ンピュータもあります。本書では、まずそれらの違いを理解できるように、
基礎から丁寧に説明します。

　本書で特に力を入れて説明するのは、イジングマシンを使った具体的な問
題の解き方です。イジングマシンは、組合せ最適化問題を解く専用のコン
ピュータで、アニーリング型量子コンピュータと疑似量子コンピュータのこ
とを指します。組合せ最適化問題は応用範囲が広いので、具体的な問題の解
き方を知ることで、量子コンピューティングの役立つシーンがイメージしや
すくなります。そうしたイメージができて興味がわいてきたら、もう少し専
門的な資料を読んだり、量子コンピュータを使ってみたりして、さらに上の
段階に進めると思います。

　おもな読者として想定している対象は、高校生から大学生、および量子コ
ンピューティングに興味のある社会人です。高校数学の知識があることを前
提としています。一部の内容では、大学1年生レベルの数学も使うのですが、
必要な知識は付録で補うようにしています。

本書ではイジングマシンで解ける問題について豊富な例を挙げて説明しているので、イジングマシンで問題を解くイメージやそのための知識が身につきます。一方で、ゲート型量子コンピュータについては基礎的な知識の紹介にとどめています。本格的な説明をするには、高校数学よりもだいぶ高いレベルの知識が必要となるためです。ゲート型量子コンピュータを使った問題の解き方については、より専門的な書籍やウェブサイトを参照することをおすすめします（巻末に紹介しています）。

　本書は六つの章と付録から構成されています。第1章では量子コンピューティングの概要を説明します。量子コンピューティングのこれまでの展開と現在の状況、およびいくつかの応用例を紹介します。

　第2章では、イジングマシンによる計算のしくみと、イジングマシンを使って問題を解くための基礎知識を説明します。第3章では、典型的な組合せ最適化問題を取り上げて、イジングマシンを使って問題を解く方法を説明します。ここまで読めば、イジングマシンで計算を実行できるようになるはずです。少し発展的な内容として、第4章ではイジングマシンを使った機械学習を紹介します。機械学習の一部を組合せ最適化問題として扱い、その計算にイジングマシンを使う方法です。

　第5章では一変して、ゲート型量子コンピュータの計算のしくみとアルゴリズムを簡単に紹介します。第4章と第5章は発展的で少し難しい内容を含むので、その補足を付録に載せています。最後の第6章では、量子コンピューティングの最近数年間の展開を紹介し、今後の展望を考えます。

　本書の執筆にあたり、東北大学の大関真之先生には、企画段階での構成のアドバイスと、原稿を読んでの有益なご指摘をいただきました。また、お茶の水女子大学の学生たちには、初学者の立場から原稿を読んでコメントをいただきました。そして、オーム社編集局のみなさまのおかげで、読みやすい本へと仕上げることができました。この場を借りて、感謝いたします。

　2023年5月

　　　　　　　　　　　　　　　　　　　　　　　　工 藤 和 恵

目 次

量子コンピューティング
の概要

　まず量子コンピューティングのこれまでの展開と現在の状況を簡単に
つかんでおきましょう。そして、量子コンピューティングをどのような
場面で活用できるのか、いくつかの応用例をみながらイメージをふくら
ませます。それらの応用例を実行するのに適したタイプの量子コン
ピューティング技術について触れておきます。

Keyword
量子コンピューティング ⇝ 量子コンピュータを用いた計算手法
量子回路 ⇝ 量子ビットによる演算の手順を示したもの
量子誤り訂正 ⇝ 量子コンピュータにおける誤り訂正
誤り耐性量子コンピュータ ⇝ 量子誤り訂正のできる量子コンピュータ
NISQ ⇝ ノイズの影響を受け誤り訂正のできない、中規模な量子デバイス
量子超越性 ⇝ 古典コンピュータでは現実的な時間で解けない問題を、量子コンピュータでは高速に解けること
量子アニーリング ⇝ 量子効果を利用して組合せ最適化問題を高速に解く方法
組合せ最適化問題 ⇝ 膨大な数の組合せの中から最適な組合せを探し出す問題
サンプリング ⇝ 得られた解の候補から、対象とする母集団の性質を推測する方法
イジングマシン ⇝ イジング模型で表現した組合せ最適化問題を高速に解く専用のコンピュータ

1.1 量子コンピューティングとは

　量子コンピューティングは、量子コンピュータを用いた計算手法のことです。ここでいう量子コンピュータとは、量子の性質を利用して計算を行うコンピュータのことです。私たちの身近なPCやスマートフォンといった従来のコンピュータとはまったく異なる原理で動作します。また、従来のコンピュータと比較して、非常に高速な計算ができると期待されています。

　量子コンピュータの種類には、大きく分けて「量子ゲート方式」と「量子アニーリング方式」があります。ここでは、それぞれをゲート型量子コンピュータ、アニーリング型量子コンピュータとよぶことにします。また、アニーリング型量子コンピュータに着想を得た、「疑似量子コンピュータ」も開発が進んでいます。量子コンピューティングは、本来は量子コンピュータを用いた計算手法を指すものですが、疑似量子コンピュータとも深い関係があります。

　量子コンピューティングの概要を、疑似量子コンピュータも含めて、歴史の長い順に紹介します。

1.1.1　ゲート型量子コンピュータ

　一般に「量子コンピュータ」というと、**ゲート型量子コンピュータ**（**図 1.1**）を指す場合がほとんどです。1980年代に量子コンピュータが提唱されて以来、量子ゲートを用いて量子回路を構成するゲート型を想定した研究が進められてきました。従来のコンピュータでは電子回路の論理ゲートによって演算を行うため、それに対応する量子コンピュータとして、ゲート型が想定されてきたのは自然な流れといえます。

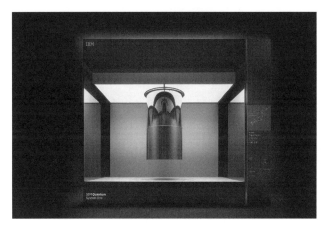

図 1.1 ゲート型量子コンピュータの例
「IBM Quantum System One - Kawasaki」[写真提供：IBM]

　ところで、量子コンピュータの話をするときには、従来のコンピュータを古典コンピュータとよびます。これは、古くさいコンピュータという意味ではありません。高校物理で習う普通の力学を、量子力学と区別して古典力学とよぶことに、その由来があります。

● 量子コンピュータの理論的な基礎

　量子コンピュータの研究は、理論的な基礎づけからはじまりました。1985年にドイチュが量子コンピュータを理論的に定式化しました。1990年代には、ショアの素因数分解アルゴリズム（1994年）やグローバーの量子探索アルゴリズム（1996年）といった有名な「量子アルゴリズム」が発表されました。これらの量子アルゴリズムは、量子ビットによる演算の手順を示した**量子回路**で表現されます。

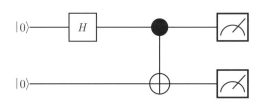

図 1.2 量子回路の例

　量子回路を構成するのは、**量子ビット**とそれを操作する**量子ゲート**、および量子ビットの状態を読みだす**測定**で、**図 1.2** がその例です。横に伸びた線がそれぞれ一つの量子ビットに対応します。線の左端に書いてある記号は量子ビットの初めの状態を表しています。線の途中に現れる四角や丸の記号が量子ゲートを表していて、左から右の方向へ順に操作を施します。右端のメーターのような記号が測定です。詳しくは、第 5 章で説明します。ゲート型量子コンピュータは、このような量子回路を実装して計算を行うコンピュータといえます。

　ゲート型量子コンピュータで計算を行うには**量子アルゴリズム**が必要です。そして、古典コンピュータよりも高速な計算が可能かどうかは、用いる量子アルゴリズムによります。先に挙げたショアのアルゴリズムやグローバーのアルゴリズムは、量子コンピュータを用いることにより、現在知られている古典アルゴリズムよりも速く解を求められることが、理論的に証明されています。

　実は、「現在知られている」というところには注意が必要です。まだ見つかっていない高速な古典アルゴリズムが存在するかもしれないからです。量子コンピュータよりも速い計算ができる古典アルゴリズムが存在する可能性は、ゼロではありません。

　ところで、1980 年代、90 年代にはまだ実現していなかった量子コンピュータで、なぜ高速な計算が可能だといえたのでしょうか。実は、ここでいう計算の速さは、実行時間の実測値ではありません。理論的な計算の速さは、「計算量」を使って議論します。計算量は、計算に必要な手間（操作の実行回数）を表したものです。つまり、計算量の小さいアルゴリズムは速いということになります。計算量は、理論的に見積もることができます。だから、実際に量子コンピュータで実行していなくても、高速に計算できるといえるわけです。

● 量子コンピュータの実現は難しい

　量子コンピュータを使えば理論的に高速な計算が可能でも、それが実行できるかどうかは別問題です。理論通りの計算を実用的な規模で実行できる量子コンピュータは、残念ながらまだ存在しません。量子コンピュータを作る

ことが技術的に非常に難しいからです。

　まず、量子コンピュータの演算を担う「量子ビット」の問題があります。量子ビットは外部からのノイズに敏感で、状態が変化しやすいという性質をもっています。何も操作していないのに状態が変化するということは、量子ビットに与えた情報が消えるということです。量子ビットが情報を失うまでの時間が短ければ、長時間の計算はできません。

　演算のために量子ビットを操作するときにも、ノイズが生じます。このため、量子ビットが意図した状態にならないこと、つまり「誤り」が、ある程度の確率で発生します。誤りを正すためには、**量子誤り訂正**が必要です。実は、私たちが普段使うコンピュータでも、古典ビットの誤り訂正が行われています。もしも誤り訂正がなかったら、コンピュータは意図せぬ動作をしたり、突然停止したりして、まともに使うことはできないでしょう。

　量子誤り訂正のできる量子コンピュータを、**誤り耐性量子コンピュータ**とよびます。これを実現するには多数の量子ビットが必要です。その数は100万個以上といわれています。2022年現在で発表されているゲート型量子コンピュータは、せいぜい数百量子ビット程度ですので、まだ遠く及びません。

　量子ビットの数だけでなく、量子ビットの質や量子ゲートの誤り率も、重要なポイントです。量子ビットの質は、量子コンピュータで計算を行うのに必要な量子の性質（詳しくは第5章で説明）をどれだけの時間保てるかを意味します。量子ビットの質が悪いと、量子ビットのもつ情報が壊れやすく、誤りも発生しやすくなります。量子ゲートの誤り率は、量子ビットを操作する際の誤りの発生割合です。誤り率が大きければ、誤り訂正に必要な量子ビット数も多くなります。

● 現在のゲート型量子コンピュータ

　ノイズの影響を受け、誤り訂正のできない、中規模の（数百量子ビット程度の）量子デバイスを **NISQ**（Noisy Intermediate-Scale Quantum）デバイスといいます（**図1.3**）。現在のゲート型量子コンピュータ開発は、NISQデバイスの時代に入りつつあります。

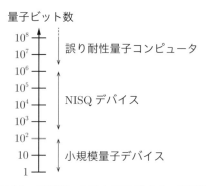

図 1.3　量子ビット数と量子デバイスの関係

　量子ビットを実現する方式には「イオントラップ」「超伝導回路」「光パルス」など、いくつかの種類があります。その中で、現在最も開発が進んでいる方式は超伝導回路です。超伝導量子ビットによる量子演算が世界で初めて実現したのは 1999 年のことで、当時 NEC（日本電気）に所属していた中村泰信・蔡兆申らが超伝導量子ビットの作製と制御に成功しました。現在も世界中で研究開発が進められており、量子ビットの数も量子ゲート操作の精度も、当時とはくらべものにならないほど向上しています。2019 年に Google を中心とする研究グループが発表した**量子超越性**の実証実験に使われたのも、超伝導量子ビットを用いたゲート型量子コンピュータです。

　量子超越性とは「古典コンピュータでは現実的な時間で解けない問題を、量子コンピュータでは高速に解けること」です。ただし、ここで解く問題は実用的である必要はありません。実用性のある問題を解くことと、高速な計算ができることは、直接的には関係ないからです。実際に 2019 年の量子超越性を示す実験で解かれた問題は、まったく実用的ではありませんでした[*1]。それでも、量子コンピュータで高速に問題を解けることを示したことに、大きな意味があります。

　超伝導回路の方式では 2022 年現在、100 量子ビットを超える程度のゲー

[*1]　興味のある人は、次の文献を調べてみてください [F. Arute et al., Nature **574**, 505–510 (2019)]。どんな問題なのかを日本語で解説しているウェブページもあります [Qmedia, Google が量子超越を達成 - 新たな時代の幕開けへ（前編）, https://www.qmedia.jp/google-supremacy-1/]。

ト型量子コンピュータが登場していますが、まだ誤り訂正はできていません。しばらくはNISQデバイスの時代が続くと考えられます。そのため、NISQデバイスに適したアルゴリズムの研究が現在盛んに研究されており、特に有望と見られているのが量子化学計算や機械学習の分野です。古典コンピュータによる計算と組み合わせて、量子コンピュータが得意な計算を部分的に担当するような方法が、多数提案されています。

1.1.2　アニーリング型量子コンピュータ

アニーリング型量子コンピュータ（**図1.4**）は、量子アニーラともよばれます。ゲート型量子コンピュータとはまったく異なるしくみで計算を実行します。そのしくみについては、第2章で詳しく説明します。一言でいうと、アニーリング型量子コンピュータは、**量子アニーリング**を量子ビットで実行するコンピュータです。

図1.4　アニーリング型量子コンピュータの筐体D-Wave Advantageシステム
[Copyright © D-Wave]

7

● 量子アニーリングを実装したコンピュータ

　量子アニーリングは、量子力学に特有の性質（2.2節で詳しく説明）を利用して**組合せ最適化問題**[*2] を高速に解く方法です。組合せ最適化問題とは、膨大な数の組合せの中から最適な組合せを探し出す問題です。この組合せ最適化問題を解く手法の一つに**シミュレーテッド・アニーリング**があります。これを量子系（量子力学の法則に支配される対象）に適用したのが量子アニーリングです。

　1998年に門脇正史と西森秀稔が現在の形式の量子アニーリングを提唱し、シミュレーテッド・アニーリングよりも強力な手法であることを世界で初めて示しました。同じ問題を同じ条件で解いた場合に、量子アニーリングのほうが、シミュレーテッド・アニーリングよりもずっと高い確率で最適解を求めることができたのです。このときは、量子アニーリングを古典コンピュータでシミュレーションしていました。それを実際の量子系で実行するのが、アニーリング型量子コンピュータです。

　アニーリング型量子コンピュータが登場したのは2011年のことです。カナダのスタートアップ企業D-Wave Systems社が、128量子ビットのコンピュータを販売し始めました。ゲート型量子コンピュータが、まだ数量子ビット程度だった時代です。100量子ビットを超えるほどの規模の量子コンピュータが本当にできたとは、ほとんどの人が信じていませんでした。

　しかし、2015年にNASAとGoogleが、D-Waveの量子コンピュータは古典コンピュータよりも「1億倍速い」と発表したことで、世の中の流れが変わりました。このインパクトは絶大で、アニーリング型量子コンピュータが世界中で認められ、その研究が広がるきっかけとなりました。そして、あとで紹介する疑似量子コンピュータの発展にもつながりました。

● 組合せ最適化問題に特化した量子コンピュータ

　アニーリング型量子コンピュータは、組合せ最適化問題を解くことに特化した量子コンピュータです。しかし、必ずしも厳密な最適解（**厳密解**）が得られるわけではありません（詳しくは第2章で説明）。そんなコンピュータが

[*2]　組合せ最適化問題の例については、次節で紹介します。

何の役に立つのかと疑問に思った読者もいるかもしれません。実は、組合せ最適化問題を（たとえ厳密でなくとも）高速に解くことが、社会課題の解決や産業の発展につながる可能性があるのです。なぜなら、組合せ最適化問題は、物流、交通、創薬、材料開発、金融など、さまざまな分野に存在するからです。その応用例については、次節で紹介します。

　組合せ最適化問題は、膨大な数の組合せの中から最適な組合せを探し出す問題のことでした。問題の規模が大きい場合、古典コンピュータで一つひとつの組合せを調べていたら、非常に長い計算時間がかかってしまいます。また、実用的な面からいえば厳密解は必要でなく、厳密解に近い解（**近似解**）で十分に満足できる場合が多いのです。

　これらの事情を考えると、アニーリング型量子コンピュータは、組合せ最適化問題を解くのに有効だといえます。まず、量子アニーリングでは、一つひとつの組合せを調べることはしません。そして、アニーリング型量子コンピュータは、問題の規模によらず指定された時間（通常は数十〜数百マイクロ秒）で問題を解きます。厳密解が得られるとは限りませんが、よい近似解が得られます。つまり、短時間に多数の近似解を得ることができます。

　組合せ最適化問題を短時間に多数回計算できるという性質は、**サンプリング**にも活用できます。サンプリングとは、得られた解の候補から、対象とする母集団の性質を推測する方法です。あるいは、多数の解の候補から、最も適した解を選ぶことにも利用できます。

　現在のアニーリング型量子コンピュータは、組合せ最適化問題に特化しており、汎用的な計算はできません。実は、量子アニーリングを拡張すれば汎用的な計算も理論的には可能ですが、技術的には非常に難しいのが現実です。汎用的な計算を目指したアニーリング型量子コンピュータの開発は、いまはまだ研究の段階にあります。

● 論理ビットと物理ビット

　アニーリング型量子コンピュータで計算を行うには、組合せ最適化問題を**二値変数**の2次多項式の形で表現します。二値変数というのは、0または1など、二つの値しかとれない変数のことです。この二値変数が、**論理ビット**に対応します。論理ビットは、問題を数式で表すときの理論上のビットです。

これに対して、実際の量子コンピュータの中の量子ビットを、**物理ビット**とよんで区別して説明します。

　2次多項式の2次の項は、二つの変数の積でできています。このとき、その二つの変数に対応する論理ビットは結合しているといいます。アニーリング型量子コンピュータでは、それに対応した物理ビット間の結合を利用して問題を解くことになります。しかし、現在のアニーリング型量子コンピュータでは、必ずしもすべての物理ビットが互いに結合しているわけではありません。そのため、複数の物理ビットで一つの論理ビットを表すことがあります。

　たとえば、四つの論理ビットが互いに結合した問題を解く場合を考えましょう。つまり、**図1.5**の左側のような結合です。そして、図1.5の右側のように、物理ビット（白丸）の間の結合（実線）は正方格子状だとします。もし、論理ビットを一つずつの物理ビットに割り当てたら、左側のような結合はつくれません。この場合、破線でくくった物理ビットのグループを一つの論理ビットとみなせば、互いの論理ビットを結合することができます。

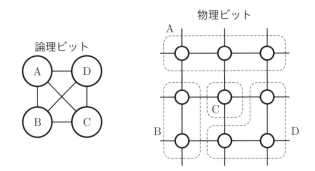

図1.5　論理ビットと物理ビットの対応

　図1.5の右側のように、物理ビットの間の結合が非常に少ないものを、疎な結合（または疎結合）といいます。逆に、すべての物理ビット間に結合があるような場合は、結合が密であるといいます。

● 現在のアニーリング型量子コンピュータ

2022年現在で最も規模の大きいアニーリング型量子コンピュータは、D-Wave Advantageです。5000個を超える超伝導量子ビットを搭載しています。ただし、超伝導回路の性質上、すべての量子ビットを互いに結合することは困難で、結合の数は限られています。一つの量子ビットから出ている結合の数は15個です。そのため、問題によっては使える論理ビットの数が大幅に減少します。すべての論理ビット間に結合がある（全結合の）問題の場合、物理ビットは5000個以上あるのに、使える論理ビットの数は180個程度です。

使える論理ビットの数を超える規模の問題を解く場合は、問題を分割して解く工夫が必要です。たとえば、問題を小分けにしてアニーリング型量子コンピュータで解き、得られた解を古典コンピュータで処理する方法があります。他にも、古典コンピュータを併用するさまざまな方法が開発されています。

ところで、ゲート型量子コンピュータの量子ビットの数がせいぜい数百個程度なのに、なぜ、アニーリング型量子コンピュータは5000量子ビットを超えるほどの規模にできるのでしょうか。

その理由の一つは、ノイズの及ぼす影響の違いにあります。アニーリング型量子コンピュータでもノイズの影響は無視できず、ある程度の確率で量子ビットに誤りが生じます。しかし、それが必ずしも計算結果に致命的な影響を与えるわけではありません。誤りが生じたために厳密解を得られなかったとしても、近似解を得られる場合が多いのです。

一方、ゲート型量子コンピュータの場合は、誤りが積み重なると致命的で、意図した計算ができません。量子ビットの数やゲート操作の回数が増えるとノイズが増大してしまうため、ゲート型量子コンピュータは大規模化が難しいのです。

現在のところ、アニーリング型量子コンピュータはD-Wave Systems社の独壇場となっています。しかし、日本でも産業技術総合研究所やNECが大学などの研究機関と連携し、デバイス開発やソフトウェア、アプリケーションに関しての研究開発を進めています。

1.1.3 疑似量子コンピュータ

　アニーリング型量子コンピュータの登場に刺激を受けて、組合せ最適化問題を高速に解く専用の**古典デバイス**が開発されてきました。それらは近年、疑似量子コンピュータとよばれています。光パルスによって量子ビットを模擬するタイプや、古典デジタル回路で実装するタイプがあります。

● 日本で特に開発が進む技術

　日本では、NTT、富士通、日立製作所などの企業を中心に疑似量子コンピュータの研究開発が進んでいます。大手企業だけでなくベンチャー企業も参入しているほか、大学などの研究機関と企業が連携して研究を促進しているのが特徴です。独自のデバイスによる製品化だけでなく、クラウドによる商用サービス（無料で使えるシステムもあります[*3]）の提供も広がってきました。

　疑似量子コンピュータの技術の発展を支えているのは、専用デバイスの開発だけではありません。既存の技術と高度な古典アルゴリズムを組み合わせて計算を高速化することも、研究開発の柱の一つです。どちらの取り組みも、この技術の発展を支えています。

● 疑似量子コンピュータの特長

　組合せ最適化問題を高速に解くためにはアニーリング型量子コンピュータがあります。ではなぜ疑似量子コンピュータの開発が進められているのでしょうか。その理由として、まず使い勝手のよさが挙げられます。古典デバイスなので室温で動作し、普通のコンピュータのサーバと同じように扱えます。一方、超伝導回路を用いた量子コンピュータの場合は、極低温に冷やさなければ動作しないため、特別な管理が必要です。

　扱える問題規模の大きさでも、現時点ではアニーリング型量子コンピュータに疑似量子コンピュータが勝っています。物理ビットの数を比較的容易に増やせるだけでなく、物理ビット間の結合を密にできることが、その理由で

＊3　第3章の最後のコラムで紹介します。

す。10万個以上の物理ビットをもち、1万変数以上の全結合の問題を扱える
システムも登場しており、今後も拡大していくと予想されます。

● 現在の量子コンピューティングのまとめ

ここまでに紹介した量子コンピューティング関連技術を、疑似量子コン
ピュータも含めて、**表 1.1** にまとめました。それぞれの技術が異なる特徴を
もつことがわかります。量子コンピューティングは非常に速いスピードで進
展している分野ですので、近い将来この表の内容は変化するでしょう。特に、
物理ビットの数は1年も経てば大幅に更新されるはずです。また、実装方式
や計算方式は、2022年執筆現在でもこの表に書いたものがすべてではあり
ません。将来さらに多様になる可能性もあります。

表 1.1　量子コンピューティング関連技術の比較（2022年現在）

	ゲート型 量子コンピュータ	アニーリング型 量子コンピュータ	疑似 量子コンピュータ
実装方式	超伝導回路、イオントラップ、光パルスなど	超伝導回路	古典デジタル回路、光パルスなど
計算方式	量子ゲートを用いた量子演算	量子アニーリング	シミュレーテッド・アニーリングなど
計算対象	さまざま	組合せ最適化問題	組合せ最適化問題
物理ビット	数百量子ビット程度	5000量子ビット以上	10万ビット以上

応用面の有用性からいえば、疑似量子コンピュータが、現在のところは有
力です。ゲート型量子コンピュータとアニーリング型量子コンピュータは、
現在はまだ計算できる問題もその規模も限られているからです。将来、誤り
耐性量子コンピュータが実現すれば、状況は変わるはずです。しかし当分の
間は、それぞれの技術の特徴を活かした研究開発が、発展を続けていくで
しょう。

1.2 量子コンピューティングの応用例

　現在、量子コンピューティングの応用先として、特に期待されているのは最適化問題です。一見して最適化と関係ないように見えても、実は最適化問題が潜んでいる場合が、数多くあります。ここでは、その中のほんの一部ですが、量子コンピューティングを応用できる例を紹介します。

1.2.1 応用例 1：物流

● 配送計画

　多くの人にとって身近な物流といえば、宅配便サービスでしょう。たくさんの荷物を積んだ車両が、配送会社の営業所を出発して、各配達先を回って営業所に戻ってくるとします。このとき最も効率のよい配送ルートを見つけるのに、組合せ最適化問題の一つである**巡回セールスマン問題**が応用できます。もう少し視野を広げると、各営業所はどこに配置するのがいいか、配送に使う車両の種類や台数はどんな組合せがよいかなども、最適化問題として考えられます。

　配送を担うトラックの中にも、最適化問題を見出すことができます。たとえば、配送先でスムーズに荷物を取り出すためには、配送順序を考えて荷物を積み込まなければなりません。それぞれの荷物は、形も大きさも重量も違います。配送の途中で荷崩れを起こさないように積み込むことも大事です。安全かつ効率的に配達するために、どのように荷物を積み込めばいいかという問題は、配置の最適化問題といえます。

　配送計画の問題は、製造業にも関係します。たとえば、ある製品を作るのに、別々の工場で生産された多数の部品が必要な場合を考えてみましょう。**図 1.6** のように、各工場で生産された部品はいったん倉庫に集められ、そのあと、必要な部品が組立工場に配送されるとします。ここには複数の組合せ最適化問題が存在します。いくつか挙げてみると、

- 工場と倉庫の間の配送ルート最適化
- 部品の種類と数量、および配送先倉庫の組合せ最適化
- 倉庫から組立工場に運ぶ部品の種類と数量の組合せ最適化

などがあります。それぞれの最適化問題で相当な数の組合せが出現するので、全体の輸送経路の組合せが膨大な数になるのが容易に想像できます。このような組合せ最適化問題は、量子コンピューティングが活用できる好例です。

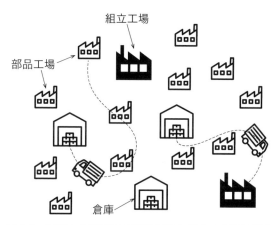

図1.6　工場と倉庫の間の輸送経路の組合せの数は膨大

● 物流倉庫

　物流を支える倉庫の中にも、組合せ最適化問題を見つけることができます。倉庫に保管された商品や部品から、指定されたものを集めてくる作業（ピッキング）を考えてみましょう。それぞれの商品をどの順番で集めれば効率がいいでしょうか。この問題には、配送ルート最適化と同じく巡回セールスマン問題が応用できます。指定された商品が多すぎて一度に運びきれない場合は、もっと複雑な組合せ最適化問題になります。

　効率よくピッキングするために、倉庫内の配置を最適化することも考えられます。たとえば、よく一緒に指定される商品は、互いに近くに配置すれば効率がよさそうです。しかし、そればかりを考えて配置すると不都合なことが起きます。ある場合には効率よくピッキングできても、指定の組合せが

まったく違う場合には非常に効率が悪くなるかもしれません。この場合、どのような指定に対しても、ある程度効率的になるような配置を選ぶ最適化問題になります。

1.2.2 応用例2：創薬・材料開発

● 創薬

新薬の開発には、材料となる分子の**安定な構造**を調べる段階があります。ここで扱う分子は、二酸化炭素や酸素などの小さな分子ではなく、少なくとも数百以上の分子量があります。そのため、構造も複雑です。新しく作る化合物がどのような分子構造をもつのかを知ることは重要です。その化合物を構成する分子の種類と数が同じでも、構造によって性質が違ってくるからです。分子を合成して、その構造を実験で調べるには、費用や手間がかかります。しかも、分子の候補は大量にあるので、それらをいちいち実験して調べるのは、非効率的です。そのため、コンピュータを使って、分子の構造を計算して求める方法が、よく用いられています。分子の候補を絞り込んでから実験するわけです。

分子の安定な構造を求める計算には、かなり長い計算時間を必要とします。この計算の一部に、量子コンピューティングを取り入れることができます。たとえば、分子の各パーツの取りうる状態の候補が、だいたい決まっていたとしましょう。各パーツの状態の組合せの中から最も安定な状態を選ぶという問題は、量子コンピューティングの得意とするところです。ここで得られた状態を利用して、従来型のコンピュータで、安定な分子構造をさらに精度よく計算することが可能です。

● 材料開発

複数の材料を配合して新しい材料を作り出す場合、組み合わせる材料の種類や配合の割合などには、無数の組合せが考えられます。そのため、無計画に試作材料を作って実験するのではなく、コンピュータを使って材料の性質を予測する方法が用いられます。望ましい性質をもつと予測される材料の候補を選択して実験（またはシミュレーション）し、その結果を次の候補選択

に利用します。この作業の繰り返しで、より望ましい性質をもつ材料を探索します（**図1.7**）。

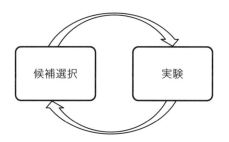

図1.7 材料開発は候補選択と実験の繰り返し

この場合、材料候補を選択するところで、量子コンピューティングが応用できます。一方で、材料の性質を予測する計算は従来型のコンピュータで行います。この例のように、量子コンピューティングを応用する際には、コンピュータの特徴に合わせた使い分けが重要です。

1.2.3 応用例3：金融

● ポートフォリオ最適化

金融資産には、株や債券などいろいろな種類があります。それぞれの金融資産の価格は、それぞれに異なる変動をしています。どの資産をどのような割合で保有するのが最適かという問題が、**ポートフォリオ**最適化問題です。

投資では、リスクは小さく、リターン（収益率）は大きくしたいものです。たとえば、収益率の期待値が最大のものに全額を投資したら、価格変動で大損するリスクが大きくなります。複数の資産を組み合わせれば、そのリスクを小さくできます。リスクの定義には、収益率の分散（または標準偏差）が、よく用いられます。ある資産の価格が下がったときに逆に価格が上がる傾向のある資産を組み合わせれば、収益率の分散が抑えられ、リスクを小さくできるわけです。

ポートフォリオ最適化問題を解くときには、収益率の期待値や分散をあらかじめデータとして準備します。このデータに関して、資産の組合せ最適化

問題を、量子コンピューティングを利用して解くことができます。

● 裁定取引

　同じ金融商品を安いときに買って高いときに売れば利益が出ます。このように、金利差や価格差を利用して売買することで利益を得るのが**裁定取引**です。たとえば外国為替市場で、日本円を売ってアメリカドルに交換し、そのドルを再び円に交換したとしましょう。通常は、売値より買値の方が高いので、損してしまいます。ところが、別の通貨を経由して取引すると、利益が出る場合がありえます。

　たとえばユーロを経由して交換するとしましょう。あるときの交換レートが**図 1.8** のようになっていたとします。このとき、100 円をドルに交換したら、0.87 ドルになります。これをユーロに換えたら $0.87 \times 0.9 = 0.783$ ユーロになります。続いて円に交換すると、$0.783 \times 130 = 101.79$ 円になります。つまり 1.79 円利益がでたことになります。ただし、このような裁定取引の機会は、いつでも存在するわけではありません。また、その機会が出現したとしても、一時的で非常に短時間にしか存在しません。

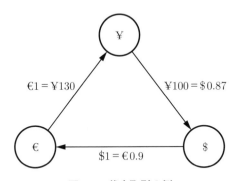

図 1.8　裁定取引の例

　このような裁定取引の問題は、**最短経路問題**という最適化問題として扱うことができます。図 1.8 は非常に単純な例でしたが、もっと通貨の種類が増えれば、複雑な問題になりえます。ただし、この問題が高速に解けたとしても、実際にその取引が可能かどうかは別の問題ですので、その点は注意が必

要です。

1.2.4　応用例4：機械学習

● 分類問題

分類問題は、身近な場面に多数存在します。たとえば、受信したメールが迷惑メールかどうかを判断したり、「0」〜「9」の手書きの数字を正しく判定したりといった場面です。ここでは簡単に、データを二つの種類に分類する、**二値分類**を考えましょう。

アニーリング型量子コンピュータを利用して二値分類を実行するアルゴリズムに、**QBoost**という方法があります。これは、たくさんの弱い「識別器」を用意しておき、その中からいくつかを選び出して組み合わせることにより、強い識別器を作る方法です。

個々の弱い識別器は、二値の識別（0か1か、YesかNoかなど）を軽い処理で行います。それぞれの識別器の正答率は、あまり高くありません。つまり、弱い識別器は単体では役に立ちません。この弱い識別器をいくつか組み合わせて、一つの強い識別器を作ります。

この方法は、識別器をどの組合せにすれば正答率が上がるのか、という組合せ最適化問題になります。詳しい内容は、第4章で説明します。

● サポートベクトルマシン

機械学習は、コンピュータを使ってデータから学習する手法です。前述の分類問題も、機械学習の適用例の一つです。近年、機械学習のアルゴリズムに量子コンピューティングを利用する方法が多く提案されています。サポートベクトルマシンは、機械学習の手法としてよく知られている方法ですが、そのアルゴリズムの一部に量子コンピューティングを取り入れることができます。ゲート型量子コンピュータでも、アニーリング型量子コンピュータでも、適用例があります。

図1.9のように2種類のデータ（灰色の丸と白い丸）があって、それを分類する境界線をひくことを考えます。この境界線から最も近いデータまでの距離を**マージン**とよび、マージン上のデータを**サポートベクトル**とよびま

す。このマージンを最大化するように境界線を決めるのが、サポートベクトルマシンです。マージンの最大化は、量子コンピューティングが利用できる形の最適化問題に変換できます。

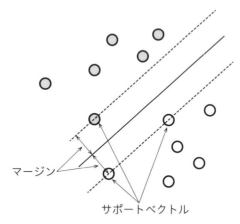

図 1.9　サポートベクトルマシン

　図 1.9 では説明を簡単にするため、2 次元の図で分類の境界を直線で表しました。しかし、実際にはもっと高次元のデータも扱えますし、複雑に入り組んだデータを非線形な境界で分類することもできます。

● 量子回路学習

　量子回路学習は、2018 年に御手洗光祐らによって提案されました。2019 年には別の研究グループが、ゲート型量子コンピュータの実機でその手法を実装した研究を発表しています。これは、機械学習のモデルの一つであるニューラルネットワークを、量子回路に置き換えた手法です。

　例として、二値分類の問題を考えてみましょう。「0」または「1」の数字の画像を学習データとして多数準備しておきます。画像が入力データで、それぞれに正解ラベル（0 または 1）がついているとします。量子回路学習の簡単な流れは、以下のようになります。

　1. 入力データを、あらかじめ準備した量子回路を通して量子状態に変換す

る。

2. **変分量子回路**による操作と測定によって出力を得る（変分量子回路は、ゲート操作に関するパラメータを調整できるようになっている）。

3. それぞれの学習データに対する出力結果と正解ラベルの誤差を計算し、それを足し上げたものを**コスト関数**とする。

4. コスト関数を小さくするように変分量子回路のパラメータを調整する。

このうち、手順 1 と 2 では量子コンピュータを使い、手順 3 と 4 では古典コンピュータを使います。以上の手順を何回か繰り返してコスト関数が最小化されたら、学習を終了します。学習データとは別の試験データをこの量子回路に通したときに、出力結果が正解ラベルを当てられれば、学習成功です。

このように、量子コンピューティングを機械学習に利用する場面では、量子コンピュータと古典コンピュータを併用するハイブリッドアルゴリズムが、よく使われています。

1.3 量子を使わない 量子コンピューティング

　量子コンピュータは量子の性質（量子性）を利用するコンピュータです。しかし、量子性を特に意識することなく、問題を解ける場合があります。また、疑似量子コンピュータは、量子の性質を直接的には利用しません。ここで扱うのは、そのような意味で「量子を使わない」量子コンピューティングです。

1.3.1 イジングマシン： 組合せ最適化問題に特化した計算機

　アニーリング型量子コンピュータと疑似量子コンピュータが、組合せ最適化問題を高速に解くためのコンピュータだということは、すでに紹介しました。これらのコンピュータを、**イジングマシン**とよびます。アニーリングマシンというよび方もありますし、疑似量子コンピュータのみを指してイジングマシンとよぶ場合もありますが、本書では**図 1.10** のような分類を採用します。

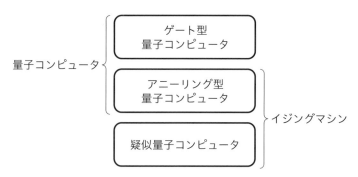

図 1.10　量子コンピュータとイジングマシン

　イジングマシンで組合せ最適化問題を解く場合には、二値変数の 2 次多項

式の形で問題を表現します。二値変数の値を＋1または−1とする形式は、**イジング模型**とよばれます。これが、イジングマシンという名前の由来です。イジング模型については、次章でもう少し詳しく説明します。

　本書では、イジングマシンを中心に、そのしくみと使い方を基礎から説明していきます。ゲート型量子コンピュータは、将来性はあるものの、実用化にはまだ時間がかかる見込みです。一方で、イジングマシンは実用化の段階にきており、すでに応用事例が多数報告されています。イジングマシンは、量子コンピューティングの応用先を考えながら、学んで実践するのに適した題材といえるでしょう。

1.3.2　さまざまなイジングマシン

　アニーリング型量子コンピュータについては、1.1節で紹介したのでここでは省略します。以下では、疑似量子コンピュータのイジングマシンを、少し詳しく紹介します。

● 古典デジタル回路によるアニーリング

　アニーリング型量子コンピュータと同様のことを、半導体技術を利用して古典デジタル回路で実現するイジングマシンが、多く開発されています。2015年に日立製作所の初代CMOSアニーリングマシンが、2016年に富士通のデジタルアニーラの技術開発が発表され、現在も進化を続けています。当初は1千〜1万ビット程度でしたが、2022年現在では10万〜100万ビット程度に成長しています。

　このタイプのイジングマシンの計算方式は、ほとんどが**シミュレーテッド・アニーリング**、またはその派生型に基づいています。シミュレーテッド・アニーリングは、前述の通り量子アニーリングの発案のもとになった手法です[*1]。ただし、多くのイジングマシンでは、従来の単純なシミュレーテッド・アニーリングよりも高速化されたアルゴリズムが用いられています。また、そのアルゴリズムが高速に実行できるような、専用のデバイスも開発されて

[*1]　第2章で詳しく説明します。

います。このような高速化によって、実用性の点では現在の量子コンピュータを超えるような成果を上げています。

● コヒーレントイジングマシン

コヒーレントイジングマシンは光を用いたイジングマシンです。光ファイバの中を走る**光パルス**の位相でビットを表現し、測定・フィードバックによってビット間の結合を実現します。その光の性質は「コヒーレント[2]」で量子性をもっていますが、フィードバックの計算は古典デジタル回路で行っています。

2016 年に初めて、NTT を中心とした研究グループが、2000 ビットのコヒーレントイジングマシンを発表しました。2021 年には、10 万ビットまで大型化したマシンが発表されています。光ファイバや測定機器などのハードウェアは特殊ですが、室温で動作可能です。

● シミュレーテッド分岐アルゴリズム

シミュレーテッド分岐アルゴリズムは、コヒーレントイジングマシンに着想を得て開発されたアルゴリズムです。2019 年に東芝の研究グループが、このアルゴリズムを古典デジタルデバイスで実装したイジングマシンを発表しました。

コヒーレントイジングマシンの原理となる物理現象を、古典モデルに対応させると、連立非線形偏微分方程式の形で表せます。シミュレーテッド分岐アルゴリズムでは、その方程式を変形して、並列計算に適した形にしたものを用いています。

少し専門的な話ですが、非線形微分方程式の時間微分がゼロとなる解を**固定点**とよびます。方程式のパラメータを変化させたときに、固定点の数が不連続に変化する現象を**分岐**といいます。この分岐現象を利用していることが、シミュレーテッド分岐アルゴリズムの名前の由来です。

---

[2] 干渉可能なという意味で、ここでは光が波として干渉する性質です。

NEXT
STEP　ここでは、いくつか代表的なイジングマシンを紹介しました。どの
イジングマシンにも共通しているのは、組合せ最適化問題を高速に解く
専用のコンピュータだということです。次章では、イジングマシンがど
のように組合せ最適化問題を解くのか、その計算のしくみを説明しま
す。

Chapter **2**

イジングマシンのしくみ

イジングマシンでの計算の方法は、従来型のコンピュータとはだいぶ違います。まず、問題の表現方法が独特です。実はその表現方法が、イジングマシンのしくみに大きくかかわっています。それぞれのイジングマシンによってしくみの詳細は少しずつ異なりますが、組合せ最適化問題を解くのに適した共通の原理があります。本章では、その基本的な考え方と、イジングマシンで問題を解くための基礎知識を学びます。

Keyword
イジング模型 ⇨ 二値変数を $\{-1,1\}$ とする形式で、もともとは磁石の性質を記述する模型
Quadratic Unconstrained Binary Optimization (QUBO) 形式 ⇨ 二値変数を $\{0,1\}$ とする形式で、イジング模型と数学的に同等
ハミルトニアン ⇨ エネルギーを表す式
基底状態 ⇨ エネルギー最小の状態、すなわちハミルトニアンを最小化する変数の組合せ
目的関数 ⇨ 最小化（または最大化）するべき関数
シミュレーテッド・アニーリング ⇨ 焼きなましの過程をまねて、最適解を探索する方法
エネルギー地形 ⇨ エネルギーを表現した地形
大域的最小解 ⇨ エネルギー地形の最も深い谷に対応する、最適化問題の厳密解
局所的最小解 ⇨ エネルギー地形の谷のうち、最適化問題における厳密解以外の解
モンテカルロ法 ⇨ 乱数を使って計算を行う方法
分岐現象 ⇨ パラメータを変化させることで固定点の個数や性質が変化する現象
埋め込み ⇨ イジングマシンによる計算の前に、論理ビットを物理ビットに対応させる作業

2.1 イジングマシンと イジング模型

第1章で紹介したイジングマシンを使って計算するときには、問題を二値変数の2次多項式で表現します。ここでは、その表現形式と、基本的な考え方を押さえておきましょう。

2.1.1　イジング模型とQUBO形式

二値変数を $\{-1,1\}$ とする形式を**イジング模型（イジングモデル）**とよび、$\{0,1\}$ とする形式を**Quadratic Unconstrained Binary Optimization (QUBO) 形式**とよびます。どちらの形式を使っても同じ問題を解けますが、どちらの形式が適しているかは問題によって異なります。ここではそれぞれの形式について、詳しく説明します。

● イジング模型

イジング模型は、もともとは磁性体（磁石）の性質を記述するための模型です。磁性体は、**スピン**という磁石の素がたくさん集まってできていると考えます。スピンどうしが同じ向きに揃っている場合は磁石の性質をもち、バラバラの向きを向いている場合は磁石の性質をもちません。イジング模型の特徴は、スピンの向きが上向きか下向きの2通りしかないことです。

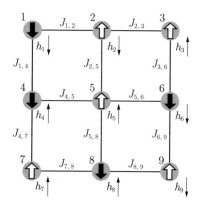

図 2.1　2 次元イジング模型のイメージ
●の中の矢印はスピンの向き、それぞれのスピンが感じる磁場が細い矢印。
線で結ばれたスピンどうしは相互作用している。

　2 次元のイジング模型は、**図 2.1** のようなイメージです。それぞれのスピンは上向きまたは下向きで、各場所における磁場を感じています。また、線で結ばれたスピンどうしは相互作用しています。<u>イジングマシンを使って問題を解くことは、イジング模型の最も安定なスピンの状態（スピンの向きの組合せ）を求めることに対応します</u>。最も安定な状態とは、最もエネルギーが低い状態と言い換えることができます。最もエネルギーの低い状態が、イジングマシンで組合せ最適化問題を解く場合の最適解に対応します。

　物理の言葉で、エネルギーを表す式を**ハミルトニアン**とよびます。イジング模型のハミルトニアンは、次の形の式で表します[*1]。

$$H = \sum_{(i,j)} J_{i,j} s_i s_j + \sum_i h_i s_i \tag{2.1}$$

$J_{i,j}$ は i 番目と j 番目のスピンの間の相互作用を表す実数で、h_i は i 番目のスピンが感じる磁場を表す実数です。右辺第 1 項の和記号は、隣り合う（結合のある）スピン（i 番目と j 番目）の組合せに関して和をとるという意味です。s_i は i 番目のスピンの向きを表す二値変数で、その値は 1（上向き）または -1（下向き）です。ハミルトニアンの値が小さくなるような s_i の組合せほど、

＊1　式(2.1)の左辺の記号 H はハミルトニアン（Hamiltonian）の頭文字からきています。

イジング模型のエネルギーが低く、安定な状態となります。

　図2.2のようにスピンが正方格子状にならんでいる場合を考えてみましょう。上向きのスピンは白い矢印、下向きのスピンは黒い矢印です。直線でつながれたスピン間に相互作用がはたらいています。太線は$J_{i,j}$が正の値を、細線は負の値をもつとします。

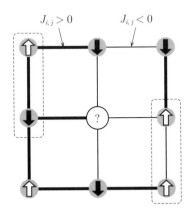

図2.2　スピンと相互作用の関係。
太線は正の相互作用、細線は負の相互作用を表す。

　まず、左上の破線で囲まれた二つのスピンに注目しましょう。二つのスピンの向きは逆向きで、相互作用は正です。上と下のスピンがそれぞれi番目とj番目のスピンだとすると、$s_i=1$、$s_j=-1$なので$s_i s_j=-1$です。この二つのスピンをつなぐのは太線（$J_{i,j}>0$）なので、$J_{i,j}s_i s_j<0$となります。同様に、右下の破線で囲まれた二つのスピンは上向きだから$s_i=s_j=1$で、その間をつなぐのは細線（$J_{i,j}<0$）なので、$J_{i,j}s_i s_j<0$となります。この$J_{i,j}s_i s_j<0$となる状態が、安定な状態です。相互作用が正のときに二つのスピンが同じ向きだと、$J_{i,j}s_i s_j>0$となり、そのぶんハミルトニアンの値が高くなります。このような状態は不安定な状態です。

　図2.2の中央のスピンは「？」になっています。このスピンはどちら向きが安定でしょうか？　上下の関係を見ると、相互作用が負なので、上と下にあるスピンと同じ下向きが安定になるはずです。しかし、左右の関係を見ると、左側のスピンは下向きで相互作用は正、右側のスピンは上向きで相互作

用は負ですから、上向きが安定になるはずです。このように、安定となる向きが決定できない状況を「**フラストレーション**がある」といいます。フラストレーションは、実際に組合せ最適化問題をイジング模型で表現したときに、多く発生します。

式(2.1)の右辺第2項のh_iは、**局所磁場**ともよばれます。i番目のスピンだけに局所的に作用するからです。h_iが正の場合はスピンが下向きに、負の場合は上向きになるのが安定です。

局所磁場がまちまちにかかっていて、相互作用に関するフラストレーションも強い場合は、ハミルトニアンの値を小さくするスピンの向きの組合せが、簡単にはわかりません。ハミルトニアンの値を最も小さくするようなスピンの向きの組合せを求めることが問題を解くことに対応するので、そのような問題は、解くのが難しい問題ということになります。

● QUBO形式

QUBO形式のハミルトニアンは、二値変数のとる値が違うだけで、イジング模型のものと同じ形です。ここでは混乱を避けるため、$J_{i,j}$の代わりに$Q_{i,j}$を、h_iの代わりにb_iを使って次のように書いておきます。

$$H = \sum_{(i,j)} Q_{i,j} x_i x_j + \sum_i b_i x_i \tag{2.2}$$

x_iはi番目のスピンに対応する変数で、その値は0または1です。$Q_{i,j} x_i x_j$の部分は、x_iとx_jの両方が1となる場合だけ、$Q_{i,j}$がハミルトニアンに加算されます。$b_i x_i$の部分は、x_iが1となる場合だけb_iが加算されます。

QUBO形式とイジング模型は、数学的には同等です。

$$s_i = 2x_i - 1 \tag{2.3}$$

とおけば、$x_i = 1$は$s_i = 1$に、$x_i = 0$は$s_i = -1$に対応します。式(2.3)を式(2.1)に代入すると、次の式のようにまとめられます。

$$H = \sum_{(i,j)} (4J_{i,j}) x_i x_j + \left\{ 2\sum_i h_i x_i - 2\sum_{(i,j)} (J_{i,j} + J_{j,i}) x_i \right\} + C \tag{2.4}$$

　右辺第1項は x の2次の項、第2項は1次の項です。右辺第3項の C は、x_i を含まない定数です。つまり式(2.4)は、定数項の存在を除けば、係数が違うだけで式(2.2)と同じ形をしています。

　定数項によってハミルトニアンの値は変わりますが、ハミルトニアンを最小化する変数の組合せには、定数の値は影響しません。そのため、一つの組合せ最適化問題を表現するのに、イジング模型とQUBO形式のどちらを使っても、最適解は同じです（ $\{-1,1\}$ と $\{0,1\}$ の違いがあるだけです）。どちらの形式が表現しやすいかは問題によって違うので、解く問題によって使い分けるのがよいでしょう。

2.1.2　イジングマシンのはたらき：目的関数の最小化

　イジングマシンの目的は、ハミルトニアンを最小化する変数の組合せを求めることです。なぜなら、そのような変数の組合せが、解く問題の厳密解に対応するからです。ハミルトニアンを最小化する変数の組合せを**基底状態**とよぶことがあります。基底状態は、物理の言葉で、エネルギー最小の状態を意味します。ハミルトニアンがエネルギーを表す量なので、このようなよび方をします。物理とまったく違う文脈では、式(2.1)や(2.2)を**目的関数**とよぶこともあります。つまり、イジングマシンは、$(J_{1,2}, J_{1,3}, \dots, J_{2,3}, J_{2,4}, \dots)$ および $(h_1, h_2, h_3, \dots)$ といったパラメータを入力として、目的関数 H を最小化する変数の組合せ $(x_1, x_2, x_3, \dots)$ を出力するコンピュータだといえます。**図2.3** のようなイメージです。入力のパラメータは実数で、出力は $\{0,1\}$ または $\{-1,1\}$ の文字列です。

図 2.3　イジングマシンのはたらき

　実際には、目的関数を最小化する厳密解ではなく、近似解が得られること
が多いです。時間をかけて厳密解を求めるよりも、短時間で効率的に近似解
を得ることを優先するのが、イジングマシンの特長です。次節では、どんな
原理でその計算を実行しているのか、そのしくみを説明します。

　次の 2.2 節の内容が難しいと感じたら、第 3 章に飛んでも構いません。第
3 章で具体例を見てからのほうがイメージが湧いて読みやすいかもしれませ
ん。必要に応じて第 2 章に戻って読み返すという読み方も、理解が深まって
よいでしょう。

2.2 イジングマシンの計算のしくみ

代表的なイジングマシンについては、第1章で主にハードウェアの面から紹介しました。ここでは、イジングマシンによる計算の根底にある考え方と計算のしくみを、理論的な側面から説明します。

2.2.1　自然の原理：エネルギーは低いほうが安定

イジングマシンによる計算のしくみは、自然の原理にならっています。たとえば、水は高いところから低いところへ流れます。ボールを坂道に置けば、下のほうに転がっていきます。どちらの例も、言い換えれば、位置エネルギーの低いほうに移動する現象です。エネルギーの低い安定な状態を目指して変化するわけです。

もう少し具体的な例を考えてみましょう。**図 2.4**(a)のような地形があったとして、上のほうにボールを置いて手を放したら、ボールはどうなるでしょうか？　何回か谷を通過して右に行ったり左に行ったりを繰り返した後、最終的に谷底で止まるでしょう。ボールと地面との摩擦のために力学的エネルギーが失われて、位置エネルギーが最も小さいところに落ち着くからです。

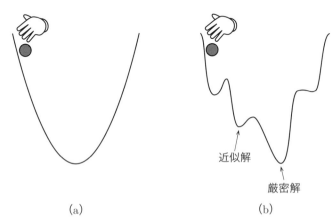

(a)　　　　　　　　　　(b)

図 2.4　それぞれの地形の上部にボールを置いて手を放す。ボールはどうなるか？

　イジングマシンでは、このような自然の原理を模倣した結果、エネルギー最小の状態が自然に得られるしくみになっています。しかし、いつでも理想通りの状態が得られるとは限りません。組合せ最適化問題の多くは、図2.4(b)のような複雑な地形に対応します。図2.4(b)の地形で上のほうにボールを置いたら、途中の谷に引っ掛かって、最も深い谷までたどり着かないかもしれません。この最も深い谷が、組合せ最適化問題の厳密解に対応します。イジングマシンでは、最も深くはなくても、それに近い深さの谷、すなわち近似解に効率よく到達する工夫がなされています。

2.2.2　シミュレーテッド・アニーリング

　イジングマシンには、シミュレーテッド・アニーリングに基づいた方法を採用しているものが多くあります。シミュレーテッド・アニーリングは、「焼きなまし法」ともよばれます。

　アニーリングという言葉は、金属の焼きなましに由来します。金属を高温にしたあと急激に冷やしてしまうと、原子の配置が局所的にしか安定化せずに固まってしまい、きれいな結晶ができません。ゆっくり冷やすと、より広範囲の原子が安定な配置をとるようになります。

　焼きなましとは、このようにして金属を加工する方法のことです。シミュレーテッド・アニーリングは、この焼きなましの過程をまねて、最適解を探索する方法です。

● 解の探索方法

　シミュレーテッド・アニーリングでは、まず適当な解の候補を選んで、それを少しずつ変更しながら解を探索します。変更する部分はランダムに、すなわち乱数を使って選びます。このように、乱数を使って計算を行う方法を一般に、**モンテカルロ法**といいます。シミュレーテッド・アニーリングは、モンテカルロ法の一種です。

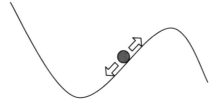

図 2.5　坂を下るか？　上るか？

　あるときの解の状態（ボールの位置）が、**図 2.5** のような状況だったとしましょう。ここで、解の状態の一部をランダムに変更します。変更後のエネルギーが低ければ少し坂を下り、高ければ動かずに変更前の状態に戻すとしましょう。これを繰り返せば、いずれ近くの谷底にたどり着くでしょう。しかし、坂を越えたところにより深い谷があるかもしれません。より深い谷を探すため、ときには坂を上る必要もあります。そこで、変更後のエネルギーが高い場合は、ある程度の確率で、少し坂を上ることにします。

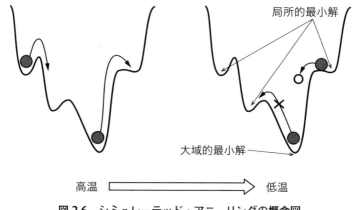

図 2.6　シミュレーテッド・アニーリングの概念図

　シミュレーテッド・アニーリングでは、坂を上る確率を、温度に対応するパラメータで制御します。温度が高いほうが坂を上る確率が高く、低温になるにつれ、坂を上りにくくなります。そうすると、高温では**図 2.6** 左のように、高い坂でも簡単に上れることになります。しかし、いつまでも高温のままだと、せっかく深い谷にたどり着いても、すぐに抜け出してしまいます。

ゆっくりと温度を下げることで、エネルギーの高い谷には戻らずに、探索範囲を狭めながら、より深い谷に到達することができます。

図 2.6 のような、エネルギーを表現した地形を、**エネルギー地形（energy landscape）** といいます。この中で、最終的に目指すのは最も深い谷で、これを**大域的最小解**といいます。すなわち、組合せ最適化問題の厳密解です。それ以外の途中の谷を、**局所的最小解**といいます。局所的最小解の中でも、大域的最小解に近い解が、近似解です。

ここでは模式的に 2 次元の図で説明しましたが、実際に解く問題は、もっと複雑な高次元空間のエネルギー地形になります。そのため、大域的最小解がどこにあるのか見当もつかない状況で、解を探索することになります。また、たどり着いた解が局所的最小解なのか大域的最小解なのかということすらも、判断できない場合が多いです。イジングマシンで厳密解ではなく近似解を得ることが多いのは、そのような理由によります。

● アルゴリズム

具体的なアルゴリズムを、イジング模型を例に説明します。スピンの向きの組合せを $s = (s_1, s_2, s_3, \ldots)$ と表して、「スピンの状態」とよぶことにします。

まず準備として、温度のパラメータ T を十分高い値に設定します。スピンの向きの初期値の組合せは、$s = (-1, 1, 1, \ldots)$ というようにランダムに 1 か -1 を割り当てます。それ以降は、次の手順を繰り返します。

1. ランダムに一つスピンを選び、向き（符号）を反転させる。

反転前と後の状態をそれぞれ s_{old}、s_{int} とする。

2. 状態を更新する確率 p（**遷移確率**という）を計算する。

$$p = \exp\left(-\frac{\Delta H}{T}\right) \tag{2.5}$$

ここで、ΔH はエネルギーの変化量を表す。スピンの状態が s のときのハミルトニアンを $H(s)$ と書くと、$\Delta H = H(s_{\mathrm{int}}) - H(s_{\mathrm{old}})$ となる。

3. 0 から 1 までの値をとる一様乱数 $r \in [0, 1]$ を使って、状態を更新するかど

か決める。

$$新しい s = \begin{cases} s_{\text{int}}, & r < p \quad (\text{状態更新}) \\ s_{\text{old}}, & r \geq p \quad (\text{そのまま}) \end{cases} \tag{2.6}$$

4. 手順1から手順3を何回か繰り返した後、温度を少し下げて、また繰り返す。

　温度が十分低くなり、状態更新がほとんど行われなくなったら終了です。

　温度の下げ方には、いろいろな方法があります。たとえば、1割ずつ減少させると決めて、つぎの温度を $0.9T$ とする方法があります。低温になるほど、よりゆっくりと減少します。あるいは、下げ幅 ΔT を決めておいて $T - \Delta T$ とする方法もあります。この場合は、$T < 0$ となる前に計算を止める必要があります。

　手順1から手順3を繰り返す回数の数え方にも、選択の余地があります。状態更新の回数を数えるか、状態更新したかどうかにかかわらず繰り返した回数を数えるかです。いずれにしても、この繰り返しの回数が多いほど、ゆっくり温度を下げることになります。

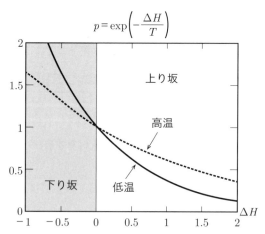

図 2.7　遷移確率のグラフ。縦軸は遷移確率 p、横軸はエネルギー変化量 ΔH。実線は $T = 1$ の場合（低温）で、破線は $T = 2$ の場合（高温）。

　ここで、エネルギーの変化量および温度と遷移確率の関係を見てみましょう。式(2.5)を、$T=1$の場合（低温）と$T=2$の場合（高温）にグラフで表したのが、**図2.7**です。$\Delta H < 0$の領域は、変更後のエネルギーのほうが低いので下り坂に対応します。一方、$\Delta H > 0$の領域は、変更後のエネルギーが高くなるので上り坂に対応します。下り坂では確実に状態更新が起こりますが、上り坂では遷移確率pで状態更新が起こります。上り坂の領域に注目すると、エネルギー変化量ΔHが大きいほど遷移確率が小さくなっています。また、同じエネルギー変化量で比べると、低温より高温のほうが、遷移確率が高いこともわかります。つまり、高温のほうが坂を上りやすくなるわけです。

　ところで、手順3では乱数を使って状態更新をするかどうかを決めましたが、なぜこれで遷移確率pでの状態更新ができるのでしょうか。まず、$p > 1$の場合を考えましょう。$0 \leq r \leq 1$なので、必ず$r < p$となり、状態が更新されます。$p > 1$となるのは、式(2.5)で$\Delta H < 0$のときで、これは下り坂に対応します。つまり、下り坂では必ず状態更新が起こることになります。

図2.8　rと遷移確率pの関係を表す数直線

　次に、$0 < p < 1$の場合を考えましょう（式(2.5)より$p \leq 0$にはなりません）。**図2.8**の数直線からわかるように、$0 \leq r < p$の部分の長さはpで、$p \leq r \leq 1$の部分の長さは$1 - p$です。ここで、rが一様乱数で与えられるということがポイントになります。一様乱数ということは、0から1までのどの実数も、選ばれる確率は同じだということです。そのため、$0 \leq r < p$と$p \leq r \leq 1$のそれぞれの部分からrの値が選ばれる確率は、それぞれの部分の長さに比例するのです。いまの場合は、0から1までの全体の長さが1なので、それぞれの確率はその部分の長さになります。

レプリカ交換法

シミュレーテッド・アニーリングよりも効率的に最適解を探索できるアルゴリズムに、**レプリカ交換法**があります。レプリカ交換モンテカルロ法ともいいます。レプリカとはコピーのことです。同じ問題のコピーを複数用意して、低温から高温までの異なる温度に設定します。それぞれのレプリカで独立にシミュレーテッド・アニーリングの手順1から手順3を繰り返します。何回か繰り返したあとで、ある確率でレプリカを交換します（**図2.9**）。その確率は、交換する候補となる二つのレプリカの温度とエネルギーによって決まります。それぞれのレプリカでの状態更新が並列に行われることから、パラレル・テンパリング（parallel tempering）法ともよばれます。

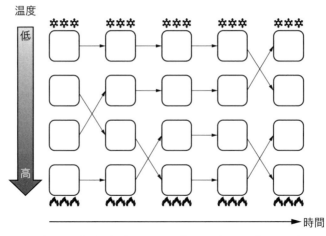

図2.9 レプリカ交換法の概念図。それぞれの四角がレプリカを表していて、その中で状態更新が何回か繰り返される。

高温のレプリカは広範囲に探索し、低温のレプリカは局所的最小解の近くを狭く探索するイメージです。ときどきレプリカを交換することで、低温だったレプリカでは局所的最小解から抜け出すことができます。また、高温だったレプリカでは、低温になる前に見つけた局所的最小解の近くを詳しく探索することができます。こうして、効率的に大域的最小解を探索することができるのです。

イジングマシンで扱うのは基本的にイジング模型かQUBO形式の問題のみです
が、シミュレーテッド・アニーリングやレプリカ交換法が適用できる問題はそれだ
けではありません。実際にさまざまな分野で利用されています。たとえば、レプリ
カ交換法は、タンパク質の立体構造の予測や、天文学・地球科学分野のデータ解析
への応用にも使われています。これらの問題も、イジング模型かQUBO形式で表
現すれば、イジングマシンで解くことができるでしょう。ただし、効率的に解ける
かどうかは検討が必要です。

2.2.3 量子アニーリング

● 量子アニーリングのイメージ

アニーリング型量子コンピュータでは、「量子アニーリング」が実行されています。シミュレーテッド・アニーリングは、熱ゆらぎを温度で制御して利用していたのですが、量子アニーリングは**量子ゆらぎ**を利用します。「ゆらぎ」は、状態を変化させる駆動力です。ただし、そのはたらきは、熱ゆらぎと量子ゆらぎでは異なります。熱ゆらぎは状態を直接変化させるようにはたらく一方で、量子ゆらぎは状態の決定を妨げるようにはたらきます。

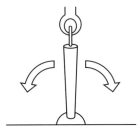

図 2.10　一端が地面に固定された棒を真上に引っ張っておく。
何もしないと右か左に倒れる。

少しイメージしやすいように、古典力学的な比喩を使って説明します。**図2.10** のような装置を思い浮かべてください。立てておくと不安定な棒を、右と左の 2 方向にのみ倒れるように下端を固定します。棒の上端には、ゴムを取り付けて引っ張っておきます。棒を引く力が強いうちは、棒は真上を向いたままです。つまり、右とも左とも決定できない状態になります。これが、量子ゆらぎの強い状態に対応します。棒を引っ張っていたゴムが緩んだら、棒は右か左に倒れかかります。常識的に考えると、右に倒れかかった棒は最終的にそのまま右に倒れるでしょう。しかし、量子力学の世界では、事情が少し違います。右に倒れかかったら右に倒れる確率が高いものの、左に倒れる確率も残っています。その確率は、量子ゆらぎの強さによります。量子アニーリングでは、この不思議な性質を利用しています。

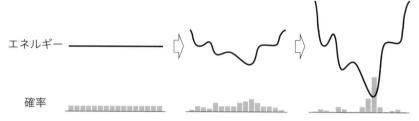

図 2.11　量子アニーリングの概念図。棒グラフは各状態の実現確率。

　ここで、エネルギー地形を思い出してみましょう。シミュレーテッド・ア
ニーリングでは、エネルギー地形が問題によって決まっていて、時間ととも
に状態が変化します。これに対して、量子アニーリングでは、エネルギー地
形が時間変化します。**図 2.11** のように、はじめは平らで、徐々に山や谷が
はっきりとしてきて、最終的には問題によって決まるエネルギー地形になり
ます。その過程で、状態の実現確率が変化していきます。量子コンピュータ
では、計算途中の量子ビットの状態は定まっておらず、測定してはじめて状
態が確定します。状態の実現確率とは、測定したときにその状態が実現する
確率です。はじめはどの状態も同じ実現確率ですが、エネルギー地形ととも
に変化します。谷では実現確率が高くなり、山では低くなるイメージです。
理論上は、最終的に最も深い谷で実現確率が最大になります。

● 解の探索方法

　量子アニーリングでは、エネルギーを表すハミルトニアンは、量子ゆらぎ
を表す項と、解くべき最適化問題を表す項からなります。それぞれの項が時
間変化するので、時間を表すパラメータ s を使って、次式で定義します。

$$H(s) = A(s)H_{\mathrm{d}} + B(s)H_{\mathrm{p}} \tag{2.7}$$

H_{d} は量子ゆらぎのハミルトニアンで、添字の d は driving（駆動する）とい
う意味です。H_{p} は最適化問題を表すハミルトニアン、すなわちイジング模型
です。添字は problem（問題）の p です。s は 0 から 1 まで増加するパラメー
タで、時刻を t、アニーリングにかかる時間を T とすると、$s = t/T$ となりま
す。$A(s)$ は、$s = 0$ で大きな値をとり、$s = 1$ で 0 となる減少関数です。逆に

$B(s)$ は、$s=0$ で 0、$s=1$ で大きな値をとる増加関数です。

ここで、式(2.7)の意味をもう少し掘り下げて説明します。たとえば、

$$A(s) = 1-s, \qquad B(s) = s \tag{2.8}$$

としましょう。はじめは $s=0$ なので $A(0)=1$、$B(0)=0$ です。このとき、ハミルトニアンは $H(0)=H_d$ となり、量子ゆらぎの項だけになります。H_d の基底状態は、すべての組合せの実現確率が等しい状態です。時間とともに量子ゆらぎが小さくなり、イジング模型の影響が強くなります。最終的に $s=1$ では、$A(1)=0$、$B(1)=1$ なので、$H(1)=H_p$ となります。H_p の基底状態は、イジング模型の基底状態、すなわち最適化問題の解です。

　量子アニーリングのポイントは、s の時間変化を十分ゆっくり行うことです。$s=0$ での基底状態を初期状態にとり、十分ゆっくり変化させれば、各時刻における状態はその時刻のハミルトニアンの基底状態をたどります。これは、**量子断熱定理**として理論的に証明されています。「断熱」的とは「十分ゆっくり」という意味です。ただし、厳密な意味では、非常に長い時間がかかり、現実的な時間ではない可能性も含んでいます。

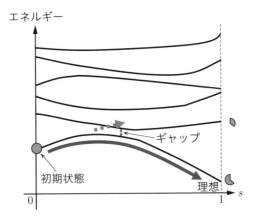

図 2.12　エネルギー・スペクトルの模式図。
横軸は時間のパラメータ s。縦軸はエネルギー。

　以上のことをまとめると、「H_d の基底状態という既知の状態から出発して、十分時間をかければ、H_p の基底状態という未知の状態に自然にたどり着く」のが、量子アニーリングだということです。では、時間変化がゆっくりでない場合はどうなるのでしょうか。実は、時間変化が速いと、簡単に基底状態から外れてしまいます。

　図 2.12 のエネルギー・スペクトルを使って説明します。各状態のエネルギーをプロットしたものをエネルギー・スペクトルといいます。縦軸はエネルギーで、横軸は時間のパラメータ s です。初期状態は、グレーの丸で示した $s = 0$ での基底状態です。十分に長い時間をかければ一番下の線をたどるわけですが、そうでないと一部が隣の線に飛び移ってしまうのです。その結果、最終的に H_p の基底状態、すなわち解くべき最適化問題の厳密解が得られる確率が減ってしまいます。図 2.12 の右端の扇形は、そのエネルギーの状態の実現確率を模式的に表しています。途中で飛び移ってしまう確率は、時間変化の速さと、隣りあうエネルギーの差（ギャップ）によります。基底状態からのギャップが小さいほど、より長時間をかける必要があります。

　量子アニーリングは、**量子断熱計算**とよばれることもあります。両者は理論的には同じ方法です。量子アニーリングは組合せ最適化問題に注目していて、完全に断熱的でない場合も含みます。一方で、量子断熱計算は断熱的な時間変化に注目しています。

　アニーリング型量子コンピュータでは、実は、必ずしも十分に長い時間をかけることができません。第 1 章でも説明したようにノイズの影響もあり、量子ビットが量子性を保てる時間が限られているからです。ただし、厳密解を得るには短い時間でも、よい近似解を得られる場合が多々あります。また、将来アニーリング型量子コンピュータの性能が上がれば、厳密解の得られる確率も高くなると期待できます。

コラム　　　シミュレーテッド量子アニーリング

シミュレーテッド量子アニーリングは、古典コンピュータで量子アニーリングをシミュレーションする方法の一つです。**経路積分量子モンテカルロ法**という手法を利用します。経路積分量子モンテカルロ法は、量子アニーリングのハミルトニアンを、一つ次元の高いイジング模型に対応づける方法です。ただし、式(2.7)の代わりに次の式を使います。

$$H = H_\mathrm{p} + \Gamma H_\mathrm{d} \tag{2.9}$$

これは横磁場イジング模型とよばれています（式(2.7)も同じく、そうよばれます）。イジング模型H_pのスピンがz方向（上向きか下向き）なのに対して、H_dのスピンはx方向だからです。Γは、量子ゆらぎの強さを表すパラメータです。

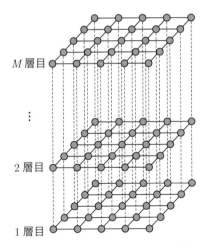

M層目

⋮

2層目

1層目

図 2.13　経路積分量子モンテカルロ法での模型の模式図

経路積分量子モンテカルロ法では、**図2.13**のように、レプリカを何層も積み上げたような構造のイジング模型を使います。各層は元のイジング模型で、それぞれのスピンは隣の層の同じ位置のスピンと相互作用しています。各層の間の相互作用に、量子ゆらぎの強さが反映されています。式(2.9)の代わりにこの模型を使って、モンテカルロ法によるシミュレーションを行います。

シミュレーテッド量子アニーリングのアルゴリズムは、シミュレーテッド・アニーリングの手順とほぼ同じです。ただし、温度 T を下げる代わりに、量子ゆらぎの強さ Γ を小さくしていきます。最後に各層でのイジング模型のエネルギーを計算し、最もエネルギーの小さい層の状態を解とします。

量子アニーリングを量子系としてまともにシミュレーションするのに比べて、シミュレーテッド量子アニーリングでは、比較的大きなサイズの問題が扱えます。たとえば N 個のスピンからなる量子系では、2^N 次元のベクトルを扱う必要があります。それに対してシミュレーテッド量子アニーリングでは、層の数が M ならば NM 個の変数で済みます。そのため、シミュレーテッド量子アニーリングは、量子アニーリングを古典コンピュータでシミュレーションする強力な方法として、主に研究用途で使われています。

2.2.4　分岐現象を利用したイジングマシン

第1章で紹介したコヒーレントイジングマシンとシミュレーテッド分岐アルゴリズムでは、計算のしくみとして**分岐現象**を利用しています。分岐現象にはいくつかのタイプがありますが、これらのイジングマシンでは、**ピッチフォーク分岐**が現れます。

● ピッチフォーク分岐

まず、次のような微分方程式を考えます。

$$\frac{dx}{dt} = -\frac{dV}{dx} \tag{2.10}$$

これは、xの時間発展（時間が経つにつれてxがどのように変化するか）を表しています。Vは**ポテンシャル**（いわゆる位置エネルギー）とよばれるものです。式(2.10)の意味は、xの時間微分、すなわち速度を、ポテンシャルの勾配の逆方向（坂を下る向き）で与えるということです。

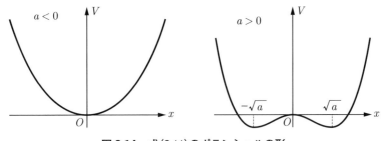

図 2.14　式(2.11)のポテンシャルの形

ここでは、ポテンシャルを次の式で与えます。

$$V(x) = -\frac{1}{2}ax^2 + \frac{1}{4}x^4 \tag{2.11}$$

aは実数のパラメータです。$a<0$の場合は、**図 2.14** 左のように$x=0$で極小値をとります。$a>0$の場合は、図 2.14 右のように$x=0$で極大値、$x=\pm\sqrt{a}$

で極小値をとります。つまり、$a < 0$ では谷が一つだけれども、a を増加させていって $a > 0$ になると、その谷が山に変わり、新たな谷が二つ出現するということです。

微分方程式に立ち戻ってみましょう。式(2.11)を式(2.10)に代入すると

$$\frac{dx}{dt} = ax - x^3 \tag{2.12}$$

となります。まず、この方程式の時間変化しない解、つまり左辺を 0 とした場合の実数解を考えます。このような解を**固定点**とよびます。$a < 0$ の場合は $x = 0$ だけです。$a > 0$ の場合は $x = 0,\ \pm\sqrt{a}$ の三つが固定点です。

次に、それぞれの固定点の安定性を考えてみます。ある固定点から x が少しずれたとき、その固定点に近づく（戻る）なら安定、その固定点から遠ざかるなら不安定です。実はこの安定性は、図 2.14 のポテンシャルから判断できます。近づくか遠ざかるかは速度 dx/dt で決まりますが、それは式(2.10)により、ポテンシャルの勾配の逆方向で与えられるからです。つまり、坂を下る方向に移動するわけです。そのため、極小は安定、極大は不安定な固定点に対応します。$a < 0$ の場合、$x = 0$ は安定固定点です。$a > 0$ の場合は、$x = 0$ が不安定固定点になり、$x = \pm\sqrt{a}$ が安定固定点となります。

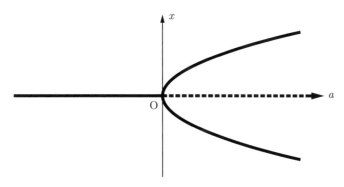

図 2.15 式(2.12)の分岐図。実線は安定固定点。破線は不安定固定点。

このように、パラメータを変化させることで固定点の個数や性質が変化する現象を、分岐現象といい、分岐の様子を表した図を**分岐図**といいます。**図**

2.15 が、式(2.12)の分岐図です[*1]。縦軸は x で、横軸はパラメータ a です。実線は安定固定点、破線は不安定固定点を表しています。a を負の値から増加させていくと、$a=0$ で分岐することがわかります。

● コヒーレントイジングマシン

コヒーレントイジングマシンは、縮退光パラメトリック発振器(Degenerate Optical Parametric Oscillator, DOPO)という特殊な光のパルスを使ったイジングマシンです。DOPOは、位相が 0 または π という特徴をもちます。これをイジング模型のスピンの向き(1 または -1)に対応させます。位相が 2 通りに限定される状態は、ピッチフォーク分岐を起こした後の状態に対応しています。コヒーレントイジングマシンでは、それぞれのDOPOが分岐を起こす前から、測定・フィードバック法によってDOPOパルスの間の相互作用(結合)をつくっていきます。これによって、DOPOのネットワークが形成され、イジング模型を表現することができます。

ここでは微分方程式を使って、計算のしくみを説明していきます。i 番目のDOPOパルスの位相に対応する変数を x_i とします。ただし、x_i は実数で、その値は位相そのものではなく、その符号がスピンの向きに対応するとします。このとき、対応する微分方程式は次のように書けます。

$$\frac{dx_i}{dt} = ax_i - x_i^3 - \sum_{j(\neq i)} J_{i,j} x_j \tag{2.13}$$

ここでは簡単のため、イジング模型の 1 次の項はないものとします(式(2.1)の $h_i=0$)。右辺第 3 項の和は、i 番目と結合のある変数についての和を表します。

式(2.13)は、式(2.12)の右辺に、イジング模型に対応する部分を足したものです。変数の数(スピンの数)を N 個とすると、式(2.13)は N 個の連立微分方程式になります。

[*1]　図 2.15 のタイプの分岐は、ピッチフォークという農具に形が似ていることから、ピッチフォーク分岐とよばれています。

　式(2.13)の固定点を考えてみましょう。このままだと非常に複雑なので、「すべての変数は、絶対値が等しく符号だけ違う」と仮定します。すなわち、$x_i = xs_i$ とします。ただし、$s_i = \pm 1$ です。こうすることで、イジング模型との対応もわかりやすくなります。式(2.13)に $x_i = xs_i$ を代入し、左辺を0とおいて、さらに両辺に s_i をかけます。

$$0 = as_i^2 x - s_i^4 x^3 - \sum_{j(\neq i)} J_{i,j} s_i s_j x \tag{2.14}$$

　次に、すべての項に関して i についての和をとります。$s_i = \pm 1$ だから $s_i^2 = 1$ であることを考慮すると、式(2.14)の右辺第1項と第2項からは s_i が消えます。そのため、これらの項には変数の数 N をかけるだけです。すなわち、

$$0 = N(ax - x^3) - \sum_{(i,j)} J_{i,j} s_i s_j x \tag{2.15}$$

となります。両辺を N で割ってまとめます。

$$0 = \left(a - x^2 - \frac{1}{N} \sum_{(i,j)} J_{i,j} s_i s_j\right) x \tag{2.16}$$

　ここで

$$H = \frac{1}{N} \sum_{(i,j)} J_{i,j} s_i s_j \tag{2.17}$$

とおきましょう。このとき式(2.16)の実数解は、$a < H$ の場合は $x = 0$ だけです。$a > H$ の場合は、$x = 0$、$\pm\sqrt{a-H}$ の三つになります。つまり、$a = H$ でピッチフォーク分岐が起きるわけです。固定点の安定性は、H のない場合の議論と同様で、$a < H$ の場合、$x = 0$ は安定固定点です。$a > H$ の場合は、$x = 0$ が不安定固定点に変化し、$x = \pm\sqrt{a-H}$ が安定固定点になります。ただし、x は絶対値（スピンの大きさ）のつもりなので、負の値は考慮しません。

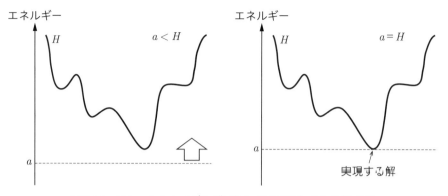

図 2.16 コヒーレントイジングマシンの計算のしくみの模式図

式(2.17)は、(1/N倍になっていますが)イジング模型のハミルトニアンです。パラメータaを小さな値から増加させていくと、**図 2.16** のように、ハミルトニアンの大局的最小解のところで、はじめて$a = H$となります。すると、それまで安定だった$x = 0$が不安定となるため、xは増加していきます。つまり、aが小さいときはスピンの大きさが0で向きが判別できない状態ですが、分岐が起きると、イジング模型の基底状態が自然に出現するのです。ただし、他のイジングマシンと同様に、必ずしも基底状態が得られるとは限りません。ここでは理論的な説明のために理想的な仮定をしていたのですが、その仮定が実際に成り立つとは限らないのです。

● シミュレーテッド分岐アルゴリズム

シミュレーテッド分岐アルゴリズムは、コヒーレントイジングマシンと同様に分岐現象を利用するアルゴリズムですが、方程式の形が少し違います。変数x_iのほかにもう一つの変数y_iを用いて、次の連立微分方程式を使います。

$$\frac{dx_i}{dt} = y_i \tag{2.18}$$

$$\frac{dy_i}{dt} = (p-1)x_i - x_i^3 - \sum_{j(\neq i)} J_{i,j} x_j \tag{2.19}$$

本来はもっとパラメータがあるのですが、ここでは説明のために、定数として扱うパラメータをすべて1にしました。式(2.19)の右辺第3項がない場合は、（非減衰かつ非強制の）**ダフィング（Duffing）振動子**とよばれる方程式です。振動子とは振り子のことで、この場合は少し特殊な振り子だと思ってください。x_iはi番目の振動子の位置、y_iはその運動量を表しています。式(2.19)の右辺第3項があることで、振動子の間に結合ができます。

式(2.19)右辺は、$p-1=a$と置き換えれば式(2.13)の右辺と同じです。つまり、pを小さい値から徐々に増加させると、ある値で分岐現象が起きるということです。pが小さいときの式(2.18)と(2.19)の固定点は$(x_i, y_i)=(0,0)$だけで、分岐後はこの固定点が不安定になります。こうして、コヒーレントイジングマシンの場合と同様に、イジング模型の基底状態が現れるというしくみです。ただし、やはりコヒーレントイジングマシンの場合と同様に、必ずしも基底状態、すなわち組合せ最適化問題の厳密解が得られるとは限りません。それでも、他のイジングマシンと同様に、よい近似解を高速に得ることが期待できます。

シミュレーテッド分岐アルゴリズムで高速に計算できるポイントは、式(2.18)と(2.19)が、並列計算に適した形をしていることにあります。xの更新にyの情報だけを使い、yの更新にxの情報だけを使うようになっているため、各変数を独立に更新することができるのです。

2.3 問題を解くために必要なこと

　ここでは、イジングマシンで問題を解くための手順を、段階を追って説明します。どのイジングマシンを利用する場合にも共通する、基本的な手順です。

2.3.1　問題を解く手順

　イジングマシンで問題を解くためには、計算を実行するまでに、いくつかの手順が必要です。その手順をまとめると、次のようになります。

1. 解きたい問題を組合せ最適化問題として表現する

2. 二値変数で目的関数を表す（定式化）

3. 目的関数を 2 次多項式に変換する

4. イジングマシンで計算を実行する

5. 実行結果を検証する

6. 必要ならパラメータを調整して手順 4 に戻る

　イジングマシンは組合せ最適化問題を高速に解くためのコンピュータですので、手順 1 は最初に考えるべきことです。一見して組合せ最適化とは関係なく見える問題でも、実は組合せ最適化問題として表現できる場合が多々あります。第 1 章でも少し紹介しましたが、第 3 章と第 4 章でより具体的に説明します。

　手順 2 と手順 3 は、実際に問題を解くために最も重要な部分です。これができてしまえば、問題はほとんど解けたも同然です。具体的な方法は、以降で詳しく説明します。

　手順 4 から手順 6 は、何回も繰り返さなければならない場合もあります。

手順5では、得られた計算結果がよい近似解になっているかを調べます。イジングマシンでは通常、一組の目的関数のパラメータに対して、多数回の計算を実行できます。その多数回の結果の中から最も良い結果を選ぶのが、典型的な使い方です。計算結果を、イジングマシンとは別のアルゴリズムで**後処理**することで、よりよい解を求める場合もあります。それでもよい近似解が得られない場合は、目的関数のパラメータを変更して、イジングマシンで計算を再度実行することになります。これが、手順6です。詳しくは、後ほど説明します。

2.3.2 定式化

定式化とは、数式を用いて表現することです。ここでは、組合せ最適化問題を解くための目的関数（ハミルトニアン）を数式で表すことを指します。イジングマシンで扱う目的関数は、二値変数の2次多項式の形です。しかし、はじめからその形の目的関数を考える必要はありません。なぜなら、多値変数を二値変数で表現する方法や、高次多項式を2次多項式に変換する方法があるからです。

● 目的関数の設定

目的関数を設定するためには、まず、何を最小化する量として選ぶのかを考えます。コストを最小化したい、または距離を最小化したいなど、具体的に最小化すべき量を考えます。あるいは、最大化する量でも構いません。最大化すべき目的関数にマイナスをかければ、最小化問題になるからです。

ここでは、最小化する目的関数の値をエネルギーとよぶことにしましょう。あとは、解となる状態が最も小さいエネルギーになるように、式を組み立てればよいのです。逆に、解でない状態はエネルギーが高くなるようにします。これが、基本的な考え方です。

● 多値変数の表現方法

目的関数を表すのに、二値変数よりも**多値変数**を使いたい場合が多々あります。多値変数を二値変数で表現する方法はいくつかありますが、ここでは

代表的な方法を二つ紹介します。

表 2.1　1 桁の数字「3」の one-hot 表現

変数	x_0	x_1	x_2	x_3	x_4	x_5	x_6	x_7	x_8	x_9
値	0	0	0	1	0	0	0	0	0	0

　一つ目は、**one-hot 表現**です。one-hot エンコーディングともよびます。多値変数一つにつき複数の二値変数を用意し、その中の一つの変数の値だけが 1 で、他のすべての変数の値が 0 となるようにします。一つだけが 1（すなわち hot）なので one-hot 表現といいます。たとえば、1 桁の数字を変数として使いたい場合は、10 個の二値変数 x_i（$i = 0, \dots, 9$）を用意します。この二値変数を使って数字の「3」を表すと、**表 2.1** のように、x_3 だけが 1 で、他の変数は 0 になります。この方法は、多値といっても、それほど数が多くない場合に有効です。

表 2.2　10 進法と 2 進法

10 進法	0	1	2	3	4	5	6	7	8	9
2 進法	0	1	10	11	100	101	110	111	1000	1001

　二つ目は、**2 進法表現**です。Log エンコーディングとよぶこともあります。桁の多い整数や実数を変数としたい場合は、one-hot 表現だと二値変数の数が多くなりすぎてしまいます。その場合は、2 進法のほうが少ない二値変数で表現できて便利です。先ほどの例と同じく 1 桁の数字を変数として使う場合を考えましょう。**表 2.2** は、10 進法と 2 進法の対応表です。10 進法で 1 桁の数字なら、2 進法では最大 4 桁になることがわかります。つまり、二値変数は四つ用意すればよいわけです。

表 2.3　10 進法の数字「3」の 2 進法表現

変数	x_3	x_2	x_1	x_0
値	0	0	1	1

それでは、数字の「3」を2進法表現の二値変数で表してみましょう。変数 x_i は、2^i の位の数字（0または1）を表すとします。10進法の「3」は、2進法では「11」ですから、2^0 の位と 2^1 の位が1で、他はすべて0です。つまり、**表2.3** のようになります。この表では、変数の並び順を桁の順にそろえています。

● 制約条件

組合せ最適化問題には、何らかの制約条件が課されているものがあります。イジングマシンを使って問題を解く場合、制約条件も目的関数の中で表現しなければなりません。

たとえば、変数 x_1、x_2、x_3 の和が2である、すなわち

$$x_1 + x_2 + x_3 = 2 \tag{2.20}$$

を満たすという制約を考えてみましょう。この制約条件を満たすためには、どうすればよいでしょうか。単純でわかりやすい方法としてよく用いられるのが、**ペナルティ法**（罰金法）です。制約を満たさなかったらペナルティを課す、すなわちエネルギーが上がるようにするという方法です。式(2.20)を制約として課す場合は

$$A(x_1 + x_2 + x_3 - 2)^2 \tag{2.21}$$

を目的関数に加えます。ただし、A はペナルティの強さを表すパラメータで、正の値をもちます。式(2.21)は、$x_1 + x_2 + x_3 = 2$ となる場合だけ0で、それ以外の場合は2乗しているため必ず正の値になるので、制約を満たさなければエネルギーが上がることになります。

多値変数をone-hot表現で表す場合も、同じように制約条件が必要です。たとえば、1桁の数字をone-hot表現で表す場合は、10個の変数のうち一つだけが1で他が0なので、全部の変数の値を足したときに、ちょうど1になるはずです。この制約条件を課すには、

$$A\left(\sum_{i=0}^{9} x_i - 1\right)^2 \tag{2.22}$$

を目的関数に加えればよいのです。ただし、Aは正の値をもつパラメータです。

　このように、制約が等式で表せる場合は簡単に定式化できます。では、制約が不等式で表される場合はどうでしょうか。実は、その場合の定式化は少し複雑です。**補助変数**を使って、不等式制約を等式制約に書き換えることになります。詳しくは、第3章の中で具体例を使って説明します。

2.3.3　2次多項式への変換

　イジングマシンで計算を実行するときは、2次多項式の係数のセット、すなわち

$$\sum_{(i,j)} J_{i,j} x_i x_j + \sum_i h_i x_i \tag{2.23}$$

の$J_{i,j}$とh_iが入力値となります。そのため、たとえば式(2.21)や式(2.22)は、そのままの形ではなく、展開して2次多項式としてまとめなければなりません。ただし、このときでてくる定数項（x_iを含まない項）は、無視してかまいません。定数項は目的関数全体の値を変えるだけで、それを最小化する変数の組合せには影響しないからです。

　目的関数がたかだか2次の式で表せていれば、2次多項式への変換は単純な作業です。しかし、複雑な定式化をした場合は、途中で計算ミスなどが起こりやすいので注意が必要です。イジングマシンで計算を行うためのプログラミングのライブラリ（パッケージ）には、自然な形で定式化すれば、2次多項式への変換を自動で行ってくれるツールもあります。実際にプログラミングするときは、そうしたツールをうまく利用することも検討するとよいでしょう。

● 高次の多項式

　もし、目的関数が 3 次以上の式になってしまったら、2 次多項式へ変換します。ただし、この作業はそれほど単純ではありません。ここでは、3 次の場合を例に説明します。x_1、x_2、x_3 を 0 または 1 の値をとる二値変数としましょう。$x_1 x_2 x_3$ という 3 次式は、たとえば補助変数 x_4 を使って、次のように表すことができます。

$$x_1 x_2 x_3 = x_3 x_4 \tag{2.24}$$

ここで、

$$x_4 = x_1 x_2 \tag{2.25}$$

とします。

表 2.4　式 (2.25) の真理値と式 (2.26) の値

x_1	x_2	x_4	$x_4 = x_1 x_2$	H_{pn}
0	0	0	真	0
0	0	1	偽	3
0	1	0	真	0
0	1	1	偽	1
1	0	0	真	0
1	0	1	偽	1
1	1	0	偽	1
1	1	1	真	0

　式 (2.25) を制約として課すためには、どうすればよいでしょうか。さきほど説明した方法のように、両辺の差をとって二乗すると、今度は 3 次の項や 4 次の項が現れてしまいます。そのため、別の方法でペナルティを与えなければなりません。たとえば、次の式でペナルティを定義しましょう。

$$H_{\mathrm{pn}} = x_1 x_2 - 2 x_1 x_4 - 2 x_2 x_4 + 3 x_4 \tag{2.26}$$

すると、**表 2.4** からわかるように、式 (2.25) を満たすときは $H_{pn} = 0$ で、満たさないときは $H_{pn} > 0$ となります。つまり、目的関数の中の $x_1 x_2 x_3$ という項を $x_3 x_4$ で置き換えて、さらに H_{pn} を（正の値をもつパラメータをかけてから）加えれば、3 次の多項式を 2 次の多項式に変換できるわけです。

　高次の多項式を 2 次の多項式で表現する方法は、一通りではありません。ここで説明した方法は、ほんの一例です。ただし、どれほど工夫しても、補助変数が必要になることは避けられません。また、次数が高くなるほど、補助変数の数も多くなり、目的関数がさらに複雑になってしまいます。定式化の段階で、できるだけ高次の項を避けるほうがよいでしょう。

2.3.4　実行結果の検証とパラメータの調整

　イジングマシンで計算を実行して結果を得たら、その実行結果を検証します。たとえば、次のような事項を確認します。

- 得られた解が、制約条件を満たしているかどうか。
- 目的関数の最小値が理論的にわかっている場合は、それに十分近い値が得られているかどうか。
- 目的関数の最小値が理論的にわからない場合は、近似解として満足できる解が得られているかどうか。

目的関数の最小値が理論的にわかっている場合とは、最適解自体は未知でも、最適解における目的関数の値がわかる場合のことです。たとえば、制約条件を表す 2 乗の形のペナルティ項だけで書かれた目的関数が、それにあたります。制約を満たす解が存在するならば、最適解における目的関数の値は必ず 0 になります。

　得られた解が、制約を少しだけ破っている場合は、従来型のコンピュータで制約を満たすように後処理を行うこともできます。イジングマシンでは必ずしも厳密解が得られるわけではないので、よりよい近似解を求めるために、イジングマシンとは別のアルゴリズムを用いて後処理を行うこともあります。

● パラメータの調整

それでもよい実行結果が得られなかった場合は、再び計算を実行することになります。ほとんどのイジングマシンでは、一組の目的関数のパラメータに対して多数回の計算を実行でき、その回数を指定することもできます。その回数を増やすことで、よりよい近似解を得る可能性が高くなる場合もあります。

再び計算を実行する際は、パラメータを調整しながら、よい近似解を探索していきます。たとえば、制約条件を表すペナルティ項が目的関数に含まれている場合は、ペナルティの強さを表すパラメータを調整します。式 (2.21) や式 (2.22) の A が、それにあたります。このようなパラメータを、**ハイパーパラメータ**とよぶことがあります。また、ハイパーパラメータの調整を、「チューニング」ともいいます。

たとえば制約条件を満たす解が得られなかった場合は、そのペナルティの強さを表すハイパーパラメータの値を大きくします。ただし、そのハイパーパラメータの値は、大きすぎてもいけません。値を大きくしすぎると、制約条件を満たすことに重点がおかれて、肝心の最小化したい量が軽視されることになりかねないからです。ハイパーパラメータは、ちょうどよい値に調整することが必要です。

制約条件が複数あったり、目的関数の中に最小化したい量が複数含まれていたりすると、調整するべきハイパーパラメータの数も多くなります。ハイパーパラメータをチューニングする最も単純な方法は、それぞれのハイパーパラメータの数値の範囲を決めて、少しずつ値を変えながら、すべての値の組合せを試してみることです。しかしこの方法は、ハイパーパラメータの数が増えると、非常に手間が増えてしまい、非効率的です。効率的にハイパーパラメータを調整する方法はいくつも提案されていて、それ自体が研究開発の対象にもなっています[*1]。

---

*1 たとえば、次の論文でハイパーパラメータ調整の手法の一つが提案されています：
M. Parizy, N. Kakuko, N. Togawa, Fast Hyperparameter Tuning for Ising Machines, 2023 *IEEE International Conference on Consumer Electronics (ICCE)*, IEEE, pp. 1-6 (2023)

2.4 問題を解く前の注意点

前節では、イジングマシンで問題を解く手順を説明しました。ここでは、その前に考慮すべきことについて、注意点をいくつか挙げておきます。

2.4.1 イジングマシンで解くべき問題の取捨選択

イジングマシンは、どんな問題でも高速に解けるわけではありませんので、解くべき問題を選別する必要があります。組合せ最適化問題や、必要な計算の一部が組合せ最適化問題となる問題は、イジングマシンで解く価値があります。一般的に、組合せ最適化問題を従来型のコンピュータで解くのでは、時間がかかりすぎるためです。しかし、問題によっては、従来型のコンピュータで非常に効率よく計算できるアルゴリズムが知られている場合もあります。そのような問題に関しては、イジングマシンで解くことが、あまり有利でない場合もあります。

個々の問題については個別の検討が必要ですが、イジングマシンで解くのが一般的に有利か不利かを判断するためには、次の点を検討するとよいでしょう。

* 組合せ最適化問題かどうか

  二値変数や多値変数など、離散的な値をとる変数で表せる最適化問題はほとんど、組合せ最適化問題です。逆に、変数が実数などの連続値をとる場合は、イジングマシンでは直接解くことはできません。工夫すれば、近似解を求めることができますが、不利な場合が多いです。

* 問題の規模

  ある程度大きな規模の問題（問題の種類にもよりますが、数千個以上の変数のある問題）は、イジングマシンを使った計算のほうが有利だということが、さまざまなイジングマシン関連の研究で明らかにされています。

変数の数が数個しかないような小規模の問題は、従来型のコンピュータでも十分速く計算できるため、イジングマシンを使うメリットがありません。

- 問題の複雑さ

　単純な問題であれば、従来型のコンピュータでも簡単に解けてしまいます。逆に、変数の間の相互作用（結合）が複雑で「あちらを立てればこちらが立たず」という状況があるような問題は、イジングマシンで解くのが有利です。

　ただし、制約条件の数が多すぎたり、不等式制約のために補助変数が多数必要だったりする場合は、不利になることもあります。その理由の一つは、制約条件のパラメータ調整に手間がかかることです。もう一つは、イジングマシンが解く問題の規模が、補助変数の分だけ余計に大きくなることです。そのために、従来型のコンピュータで解くよりも、問題がずっと複雑になってしまう可能性があります。

● イジングマシンを利用した問題の解き方を模索する意義

　解くべき問題を取捨選択することが必要だといいましたが、実際のところは、やってみないとわからないこともあります。試しに解いてみて、イジングマシンで解くのが不利な問題だという結論になったとしても、解き方を模索することには、意義があります。

　その理由の一つは、現在のイジングマシンで解くのが不利だとしても、将来的に有利になる可能性があるからです。近年、イジングマシンの大型化、性能の向上や機能の増強が非常に速いスピードで進んでいます。数年後、イジングマシンで解くことが有利な問題が増える可能性は十分にあります。

　もう一つの理由は、イジングマシンが不利になっている場面やその原因を開発者にフィードバックすることが、イジングマシンの改良につながるからです。実際に、イジングマシンを使った研究成果や利用者の要望が、急速に発展するイジングマシンの研究開発を支えています。

2.4.2　イジングマシンで扱える変数の数

　それぞれのイジングマシンがどれだけの物理ビットを搭載しているかは、そのイジングマシンに関するウェブサイトや広報資料などからわかります。ただし、物理ビットの数と扱える変数の数は同じとは限らないことに注意してください。それぞれのイジングマシンで、物理ビットの数だけでなく、**結合の密度**も異なります。必ずしもすべての物理ビットが互いに結合しているわけではありません。そのため、複数の物理ビットで一つの論理ビットを表すことがあります[*1]。論理ビットの数が変数の数に対応するので、結合の密度が小さい（疎である）ほど、扱える変数の数が少なくなります。

　それぞれのイジングマシンに関するウェブサイトを調べれば、物理ビットの数だけでなく、全結合の問題を解く場合に扱える変数の数もわかります。ただし、全結合が必要でない場合は、もっと多くの変数を扱えることもあります。扱える変数の数は、物理ビット間の結合だけでなく、解く問題の変数間の結合（相互作用）によっても異なるのです。

● 埋め込み

　問題を解く手順の説明では省略しましたが、実はイジングマシンによる計算の実行の前に、論理ビットを物理ビットに対応させる作業が存在します。この作業を、**埋め込み**とよびます。もともと物理ビットが全結合のイジングマシンの場合は、考慮する必要はありません。また、埋め込みが必要な場合でも、専用のライブラリに埋め込みを自動で行うツールが用意されているか、イジングマシンの内部で自動的に処理するようになっている場合が多いです。

　埋め込みの処理には、従来型のコンピュータが使われますが、その計算自体にかなり時間のかかる場合があります。埋め込みが必要な場合は、その処理の負荷についても注意したほうがよいでしょう。

＊1　第1章 1.1.2項の図 1.5 を参照してください。

NEXT STEP　本章では、イジングマシンによる計算のしくみと、イジングマシンで問題を解くための基礎知識を説明しました。はじめて読んでわからなかった部分があっても、心配することはありません。本章の内容を頭の片隅におきながら具体的な問題にふれていくと、理解が深まるはずです。次章では、典型的な組合せ最適化問題をいくつか取り上げて、その具体的な解き方を説明します。

イジングマシンで
問題を解く

　イジングマシンでの計算の基本がわかったところで、具体的な定式化の方法を学びましょう。定式化ができてしまえば、問題はほぼ解けたも同然です。本章では、典型的な組合せ最適化問題を扱います。イジングマシンで解けるタイプの問題は、本章で説明する方法を応用すれば、定式化できてしまう場合がほとんどです。定式化の基礎を理解するために、単純なものから始めて、徐々に複雑なものを紹介していきます。

Keyword
重み付きグラフ ⇨ 辺に重みのついたグラフ
最大カット問題 ⇨ 重み付きグラフの辺をカットして頂点を二つのグループに分ける場合に、カットする辺の重みの総和を最大化する問題
グラフ彩色問題 ⇨ グラフのある要素（頂点や辺など）に、何らかの制約条件を満たすように色を割り当てる問題
頂点彩色 ⇨ グラフの隣り合う頂点が同じ色にならないように頂点を塗り分けること
クラスタリング ⇨ データをグループ分けする手法
等式制約 ⇨ 等式で表した制約
one-hot 表現 ⇨ 一つの変数の値だけが 1 で、他のすべての変数の値が 0 となるように表現すること
one-hot 制約 ⇨ one-hot 表現を成立させるための制約
巡回セールスマン問題 ⇨ いくつかの都市をちょうど 1 回ずつ訪問して出発地に戻るときの最短経路を求める問題
ナップサック問題 ⇨ ナップサックの容量を超えないように品物を詰め込み、それらの品物の価値の合計を最大化する問題
スラック変数 ⇨ 最適化問題において不等式制約を等式制約に変換するために導入する変数

3.1 最大カット問題

　最大カット問題は、データを二つのグループに分ける問題です。たとえば、イベントの参加者を、人間関係を考慮して二つのグループに分けたいという場合に、最大カット問題を応用することができます。イジングマシンで解く場合は、制約のない、最も単純な形で定式化できます。イジングマシンの性能を比較するためのベンチマーク問題としても、よく使われています。

3.1.1　制約なし最適化

● 重み付きグラフと最大カット問題

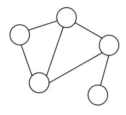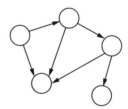

無向グラフ　　　　　　　　有向グラフ

図 3.1　無向グラフと有向グラフ

　最大カット問題を定義する前に、**グラフ**の説明をしておきます。ここでいうグラフは、ネットワークを表すもので、頂点（ノード）と辺（エッジ）の集合からなります。**図 3.1** では、白い丸が頂点で、頂点どうしをつなぐ線や矢印が辺です。辺に向きがないものを**無向グラフ**といい、向きがあるものを**有向グラフ**といいます。また、各辺に重みがついているものを**重み付きグラフ**といいます。辺の重みは、その辺の両端の頂点間の関係性を示す量です。その意味合いは、重み付きグラフが何を表現しているかによって異なります。

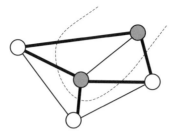

図 3.2 最大カット問題。太線の辺の重みは正の値で、細線は負の値。
破線で頂点のグループわけをすると、カットした辺の重みが最大になる。

3

図 3.2 のような重み付きの無向グラフの辺をカットして、頂点を二つのグ
ループに分ける問題を考えます。カットした辺の両端の頂点は、異なるグ
ループに属します。最大カット問題は、このときカットした辺の重みを最大
にする問題です。

図 3.2 のグラフの辺の重みは、太線が正の値で、細線が負の値であるとし
ます。太線をすべてカットして細線を 1 本もカットしない、破線のような
カットが、この場合の最大カットです。破線で頂点をグループ分けした結果
を白とグレーの色で表しています。細線の両端は同じ色に、太線の両端は別
の色になっています。

● 定式化

図 3.2 の白い頂点を上向きスピン、グレーの頂点を下向きスピンとして、
辺の重みをスピン間の相互作用と読み替えれば、最大カット問題はイジング
模型で表せます。目的関数であるハミルトニアンは、次式で表せます。

$$H = \sum_{(i,j) \in E} J_{i,j} s_i s_j \tag{3.1}$$

右辺の和記号の下の $(i,j) \in E$ は、グラフの辺の集合 E に関する和を表し
ます。(i,j) は、i 番目と j 番目の頂点をつなぐ辺という意味です。s_i は i 番目
のスピンの向きを表し、その値は 1 または -1（s_j についても同様）です。$J_{i,j}$
は i 番目と j 番目のスピン間の相互作用を表す実数です。ハミルトニアンが最
小の値をとるとき、カットされる辺の重みが最大になるので、最大カット問

題の解が得られます。

　最大カット問題は、**制約なし最適化**の典型例です。式(3.1)は単純な形をしていて、他に制約条件を表す項がありません。ただし、$J_{i,j}$がランダムな実数で与えられているような場合は、フラストレーションがあり、解くのが難しい複雑な問題になります。

　そのような難しい問題でも、イジングマシンを使って解く場合は、定式化してしまえば半分くらいは解けたも同然です。定式化後の手順は、ほとんどが単純な作業だからです。ここから先は、それぞれの問題について、定式化の方法までを解説していきます。

3.1.2　団体旅行のグループ分け

　具体例として、団体旅行で二つのバスに分乗する場合を考えてみましょう。団体の中には、仲のよい人たちもいれば、仲が悪い人たちもいます。たとえば、8 人の団体の人間関係が、**図 3.3** のようになっていたとします。丸で囲んだ数字は人を表し、細線は仲のよい関係、太線は仲の悪い関係を表します。線で結ばれていない場合は、特に仲がよくもなく悪くもないとします。できるだけ、仲のよい人どうしは同じバスに、仲の悪い人どうしは別のバスに乗るように、二つのグループに分けましょう。ただし、それぞれのバスに乗る人数のバランスは考えないことにします。

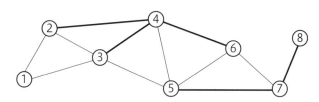

図 3.3　団体旅行参加者の人間関係。
細線は仲良し、太線は仲が悪い関係を表すとする。

　順番に考えてみましょう。「1」と「2」と「3」は同じグループがよさそうです。この 3 人は、白組としましょう。「4」は、「2」や「3」と仲が悪いので、別のグループ、黒組としましょう。では、「5」はどうでしょうか。「3」

とも「4」とも仲がよいですが、この2人は別々のグループにしたのでした。白と黒のどちらを選ぶか迷いますね。このような場合は、全体としてできるだけ不満が少なくなるようなグループ分けをするしかありません。

　ここで、式(3.1)をこの場合に当てはめてみます。仲良しの度合いも仲が悪い度合いも同程度と考えると、$J_{i,j}$は次のように与えればよいでしょう。

$$\left\{ \begin{array}{l} J_{2,4} = J_{3,4} = J_{4,6} = J_{5,7} = J_{7,8} = 1 \\ J_{1,2} = J_{1,3} = J_{2,3} = J_{3,5} = J_{4,5} = J_{5,6} = J_{6,7} = -1 \end{array} \right. \tag{3.2}$$

仲良しの場合は同じグループ（スピンの向きが同じ）がよいから$J_{i,j} < 0$で、仲が悪い場合は違うグループ（スピンの向きが逆）がよいから$J_{i,j} > 0$に設定するわけです。値の大きさは必ずしも同じである必要はありません。とても仲がよければ$J_{i,j}$を-2や-3などとしてもいいですし、とても仲が悪ければ2や3としてもかまいません。

　こうしてパラメータの値を設定すれば、あとはイジングマシンで計算を実行するだけです。全員が満足な解は存在しませんが、全体として不満の少ないグループ分けができるはずです。

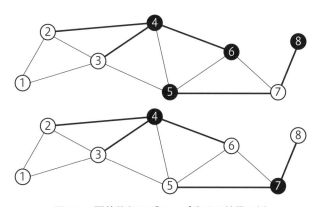

図 3.4　団体旅行のグループ分けの結果の例

　たとえばパラメータを式(3.2)の値に設定した場合は、ハミルトニアンが同じ値をもつ解が複数あります。その例を**図 3.4**に二つ示します。頂点の色が所属グループを表しています。細線でつながっている頂点どうしは同じ色

に、太線でつながっている頂点どうしは異なる色になるのが好ましいわけで
すが、どちらの例でも全員が満足な組合せにはなっていません。それでも、
全体として最も不満の少ない分け方になっています。

3.2 画像のノイズ除去

イジング模型を応用すると、画像のノイズ除去にも利用できます。ここで扱う画像は白黒画像で、ところどころ白と黒を反転させるノイズが入ったものです。この画像のノイズを除去して元の画像を復元する問題を考えます。

3.2.1 白黒画像とノイズ

図 3.5　白黒画像（二値画像）の原画像

まず**図 3.5** のような白黒画像を用意します。それぞれの画素は白または黒なので、**二値画像**ともいいます。この画像の各画素について、ある割合でランダムに白と黒を反転させて、ノイズの入った画像を作ります。**図 3.6** は、3% の割合でノイズを入れた画像です。

図 3.6　ノイズを入れた画像

図 3.6 の場合は、たとえ原画像を知らなくても、どの画素が反転しているかだいたい判別できるでしょう。では、何を基準に判別しているのでしょう

か。たとえば、周りが黒いのにポツンと白い点があったりすると、その点が
ノイズだとわかるでしょう。そう考えると、周りの色に合わせるように修正
すれば、ノイズを除去できそうです。

　しかし、周りの色に合わせるだけでは、うまくいきません。そのような修
正は、ノイズを除去するだけでなく、原画像の情報まで消してしまうかもし
れないからです。それぞれの画素を、周りの色に合わせるように変更してい
くと、最悪の場合は、真っ白または真っ黒の画像になりかねません。

　そもそも、ノイズの入っている割合が小さいならば、ほとんどの画素は原
画像のものと同じはずです。それを考慮して、修正前の画素の色をできるだ
け保ちつつ、周りの色に合わせるようにしてみましょう。この問題は、白い
画素をスピン上向き、黒い画素をスピン下向きに対応させると、イジング模
型で定式化できます。周りの色に合わせるためには、隣り合うスピンが同じ
向きになるような相互作用（式(2.1)の右辺第1項）を設定すればよいでしょ
う。修正前の画素の色を保つためには、修正前の画素を表すスピンの向きに
対応した局所磁場（式(2.1)の右辺第2項）を設定します。

3.2.2　ノイズの除去

● 定式化

　ノイズを除去して画像を修復するためのイジング模型は、次式のようなハ
ミルトニアンで表します。

$$H = -J \sum_{(i,j) \in E} s_i s_j - \sum_{i=1}^{N} s_i' s_i \tag{3.3}$$

s_i は修復後の画像の値、s_i' は修復前の画像の i 番目の画素の値で、白は1、黒
は−1とします。右辺第1項は、縦と横に隣り合う画素についての和をとり
ます。N は画素の数です。式(3.3)は、式(2.1)と同じ形で、$J_{i,j} = -J$,
$h_i = -s_i'$ としたものです。

　式(3.3)の右辺第1項は、隣り合う画素が同じ値にそろう効果を表します。
その効果の大きさは、J の値で決まります。右辺第2項は、修復前の画素の

値を保つ効果を表します。この二つの効果のバランスが、画像の修復結果に
影響します。

● 画像の修復結果

図3.7は、シミュレーテッド・アニーリングを使って、式(3.3)の最小化を
実行したものです。Jの値が小さい場合は、ノイズが残ってしまっています。
修復前の画素値を保つ効果が、比較的大きいためです。逆に、Jの値が大き
い場合は、原画像の情報まで消えてしまっている部分があります。周りの画
素の値に合わせる効果が強すぎたためです。よい修復結果を得るためには、
ちょうどよいバランスをとることが重要です。

$J = 0.3$

$J = 1$

$J = 3$

図3.7 修復後の画像。上から順に、$J=0.3$、$J=1$、$J=3$とした場合。

3.3　グラフ彩色問題

　グラフ彩色問題は、グラフのある要素に何らかの制約条件を満たすように色を割り当てる問題で、いくつかの種類があります。ここで扱うのは、**頂点彩色**というもので、頂点に色を割り当てます。頂点彩色は、身近な例では地図の塗り分けに利用できます。3 色以上の色を使うときに、イジングマシンでこの問題を解くには、**等式制約**が必要になります。等式制約とは、文字通り等式で表した制約のことです。

3.3.1　頂点彩色

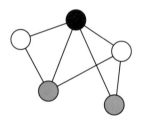

図 3.8　頂点彩色

　頂点彩色とは、隣り合う頂点が同じ色にならないように頂点を塗り分けることです。「隣り合う」とは、「辺でつながっている」という意味です。たとえば**図 3.8** のグラフは、それぞれの辺の両端の頂点が違う色になっています。このような小さなグラフは簡単に塗り分けることができますが、大きく複雑なグラフほど、彩色するのが難しくなります。

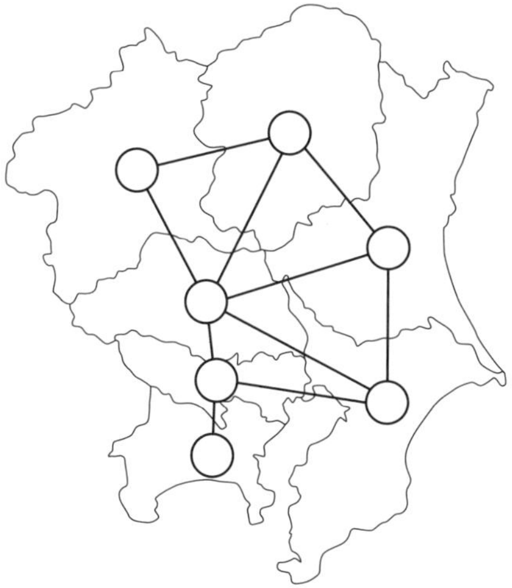

図 3.9 関東地方の地図を塗り分けるためのグラフ

グラフ彩色の簡単な応用例に、地図の塗り分けがあります。たとえば、関東地方の隣り合う都県を別の色に塗り分ける問題を考えてみましょう。**図3.9** のように、それぞれの都県に頂点を一つずつ対応させて、隣り合う都県を辺でつなぎます。こうしてできたグラフの頂点彩色を実行すれば、地図の塗り分けができます。日本地図や世界地図でも考え方は同じです。

3.3.2 one-hot 表現と等式制約

グラフ彩色に使う色が 2 色ですむなら、最大カット問題と同様の定式化ができます。辺の重みをすべて同じ正の値にしたイジング模型で、スピンの上向きと下向きを、その 2 色に対応させればよいのです。では、3 色以上の色を使う場合はどうすればよいでしょうか。色を変数の値に対応させると、多値変数になってしまいます。

多値変数を二値変数で表現する方法は、2.3 節でも簡単に紹介しました。頂点彩色の場合は通常、色の数がそれほど多くないので、一つの変数の値だけが 1 で、他のすべての変数の値が 0 となるように表現する**one-hot表現**を使うのが便利です。このとき、各頂点に割り当てる色がちょうど 1 色になるよ

うに等式制約を課す必要があります。

● 定式化

　N 個の頂点をもつグラフを K 個の色で頂点彩色する場合の定式化を考えましょう。このとき、グラフの辺の集合を E とすると、目的関数は次式で表せます。

$$H = \sum_{(i,j) \in E} \sum_{a=1}^{K} x_{i,a} x_{j,a} + A \sum_{i=1}^{N} \left(1 - \sum_{a=1}^{K} x_{i,a}\right)^2 \tag{3.4}$$

変数 $x_{i,a}$ は、i 番目の頂点を a 番目の色で塗るときに 1 で、そうでないときに 0 とします。右辺第 1 項の $x_{i,a} x_{j,a}$ は、i 番目と j 番目の頂点が同じ a 番目の色のときに 1 で、それ以外では 0 です。ただし、i 番目と j 番目の頂点が辺でつながっていない場合は和に含まれないので、同じ色に塗っても関係ありません。つまり、辺でつながっている頂点どうしが同じ色になったときだけ、1 が加算されます。

　式(3.4)の右辺第 2 項は、i 番目の頂点に塗れる色は 1 色だけ、すなわち

$$\sum_{a=1}^{K} x_{i,a} = 1 \tag{3.5}$$

という等式制約を各頂点に課すための項です。これは、one-hot 表現を成立させるための制約なので、**one-hot制約**ともいいます。この項の係数である A は、制約の強さを表すパラメータで、正の値をとります。いずれかの頂点でこの制約条件をやぶってしまうと、ペナルティとして正の値が加算されることになります。

　以上をまとめると、グラフ彩色が成功したときは $H=0$ で、それ以外では $H>0$ となります。つまりこの場合は、得られた解が正解（最適）かどうかを、目的関数の値で判断することができます。

3.3.3　応用例：時間割をつくる

　グラフ彩色は、**時間割の作成**にも応用できます。グラフ彩色と時間割作成の対応関係は、**表 3.1** のようになります。まず、グラフの頂点を科目に対応させます。担当する講師が同じだったり、受講者が重複していたりする科目は、同じ時間枠に割り当てられません。そのような関係にある科目を辺でつなぎます。こうして作ったグラフを頂点彩色して、それぞれの色を時間枠とみなします。すると、辺でつながった科目どうしは同じ時間枠にはならずに、時間割が作成できます。

表 3.1　グラフ彩色と時間割作成の対応関係

グラフ彩色	時間割作成
頂点	科目
辺	同じ時間に割り当てない関係
色	時間枠

● 基本編

　具体例として、夏期講習の時間割作成を考えてみましょう。科目は英語、国語、数学、物理、化学の 5 科目で、同じ時間枠に割り当てない関係は、**図3.10** のグラフの辺で表すことにします。

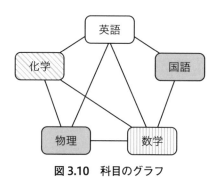

図 3.10　科目のグラフ

　図3.10の頂点の色は、英語から時計回りに見ていって、一つずつ割り当てた結果です。まず、英語に1番目の色を割り当て、英語とつながる国語には2番目の色を割り当てます。数学は、英語とも国語ともつながっているので、3番目の色にします。物理は、英語と数学とつながっていますが、国語とはつながっていないので、国語と同じ2番目の色を割り当てます。化学は英語、数学、物理とつながっているので、それ以外の色ということで4番目の色を割り当てます。こうして頂点彩色ができたら、「1番目の色を1時間目、2番目の色を2時間目……」というように対応付ければ、時間割の完成です。

　この場合の目的関数は、次の式のように表せます。

$$H = \sum_{(i,j) \in E} \sum_{a=1}^{4} x_{i,a} x_{j,a} + A \sum_{i=1}^{5} \left(1 - \sum_{a=1}^{4} x_{i,a} \right)^2 \tag{3.6}$$

　ここで、グラフの辺の集合を E としました。変数 $x_{i,a}$ は、i 番目の科目が a 時間目に割り当てられたときに1で、そうでないときは0です。A はone-hot制約の強さを表すパラメータです。

表3.2　図3.10に対応する時間割の変数 $x_{i,a}$ の値

i ＼ a	1時間目	2時間目	3時間目	4時間目
1. 英語	1	0	0	0
2. 国語	0	1	0	0
3. 数学	0	0	1	0
4. 物理	0	1	0	0
5. 化学	0	0	0	1

　表3.2を見ると、図3.10の色の割り当てが、one-hot制約を満たしていることがわかります。式(3.6)の右辺第2項の $\sum_{a=1}^{4} x_{i,a}$ は、それぞれの行（各科目）について横方向に値を足したものです。それぞれの科目は一つの時間枠にだけ割り当てられているので、すべての i に関して $\sum_{a=1}^{4} x_{i,a} = 1$ となります。このとき、式(3.6)の右辺第2項は0になります。

図 3.10 の色の割り当ての場合、式(3.6)の右辺第 1 項も 0 になります。表 3.2 をそれぞれの列（各時間枠）について縦方向に見ていくと、それが確認できます。値が 1 となっている科目が複数あるのは、2 時間目だけです。値が 1 の科目は国語と物理ですが、図 3.10 のグラフでは辺でつながっていないので、式(3.6)では和に含まれていません。そのため、式(3.6)の右辺第 1 項は 0 であり、全体として $H=0$ となるので、時間割の作成は成功です。

● 応用編

科目数が多い場合や複数のクラスがある場合は、**同じ時間枠**に割り当てたい科目の組合せもあり得ます。その場合は、2 次の項の符号を逆にすればよいのです。たとえば、i 番目と j 番目の科目を同じ時間枠に割り当てたい場合は

$$1-\sum_{a=1}^{K} x_{i,a}x_{j,a} \tag{3.7}$$

を目的関数に追加します。式(3.7)の全体に適当な正のパラメータをかけてもよいです。ここでは、時間枠の数を K としました。i 番目と j 番目の科目が同じ時間枠に割り当てられ、one-hot 制約も満たしている場合は、第 2 項が 1 になるため、式(3.7)の全体は 0 となります。i 番目と j 番目の科目が違う時間枠に割り当てられたら、逆に第 2 項が 0 になるため、式(3.7)の全体は 1 となり、目的関数の値が大きくなってしまうわけです。

二つの科目を**連続した時間枠**に割り当てたい場合も、この考え方が応用できます。たとえば、i 番目の科目の直後に j 番目の科目を割り当てたい場合は

$$1-\sum_{a=1}^{K-1} x_{i,a}x_{j,a+1} \tag{3.8}$$

を目的関数に追加します。式(3.7)と見比べると、二つ目の変数の添字が a から $a+1$ に変わった（そのため和記号の上限も変わった）だけです。この添字で連続した時間枠を表現しているのです。

科目によっては、ある時間枠を避けたいという場合もあるでしょう。その

場合は、1 次の項を使います。たとえば、i 番目の科目は a 時間目を避けたいという場合は、避けたい度合いを表す正のパラメータを B として、$Bx_{i,a}$ を目的関数に追加すればよいのです。

　ここで紹介したもの以外の細かい条件も、定式化できれば、それらの条件を考慮した時間割を効率よく作成できます。特に科目数が多い場合や、複雑な条件がある場合は、イジングマシンを使うのが有益です。実際の問題では、すべての条件を満たす解がそもそも存在しなかったり、厳密解が得られても、期待していたものとは違っていたりすることがよくあります。イジングマシンは短時間にいくつもの近似解を求めることが得意なので、よい近似解の中から期待していたものに近いものを選ぶといった使い方が効果的でしょう。

3.4 クラスタリング

　クラスタリングとは、データをいくつかのグループに分ける方法のことです。たとえば、ショッピングサイトの顧客ごとの購買データをクラスタリングした場合、ある顧客に同じグループの顧客がよく購入している商品をおすすめするといった使い方ができます。クラスタリングにはいろいろな種類がありますが、ここでは**データ間の距離**によって分けるタイプと、**データ間のつながり**によって分けるタイプの二つを紹介します。

3.4.1　距離によってグループを分ける

　ここでは簡単のため、2次元平面上の点（データ）をクラスタリングする問題を考えます。この場合、近くにある点が同じグループになるのが自然な分け方でしょう。それぞれの点の距離に基づいて、グループ分けすることにします。ショッピングサイトの購買データの例でいうと、各点はそれぞれの顧客に対応します。たとえば、各点のx座標とy座標をそれぞれ1回あたりの平均購入額と購入頻度とすれば、同じような頻度で同じような金額の買い物をする顧客が同じグループに割り当てられることになります。

● 二つのグループに分ける場合

　二つのグループに分ける場合は、イジング模型を使った定式化ができます。

$$H = \sum_{(i,j)} d_{i,j} s_i s_j \tag{3.9}$$

ここで変数s_iは、i番目の点のグループを表します。たとえば、白組なら$s_i = 1$、黒組なら$s_i = -1$とします。$d_{i,j}$はi番目の点とj番目の点の間の距離です。式(3.9)では、すべてのペアの組合せに関して和をとります。

クラスタリングは、距離が近い点どうしが同じグループになるように分けるのが目的ですが、式(3.9)は逆の発想に基づいています。$d_{i,j}$が大きいほど、s_iとs_jの符号が逆になるのが好ましいという考え方です。距離の遠い点どうしをできるだけ別のグループに分けようとした結果、近い点どうしが同じグループになるというわけです。

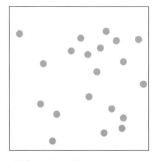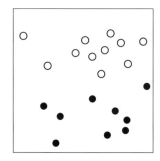

図3.11 （左）一辺の長さが1である正方形の領域に20個の点をランダムに配置したもの。（右）式(3.9)によって二つのグループに分けた結果。

実際に、クラスタリングした結果を見てみましょう。**図3.11**の左図には、ランダムに20個の点が配置されています。これに対して、式(3.9)の最小化をシミュレーテッド・アニーリングで実行して得られた結果が、右図です。きれいに二つのグループに分かれています。

● 三つ以上のグループに分ける場合

グループの数が三つ以上の場合、それぞれの点が所属するグループを変数に対応させると、多値変数になってしまいます。そこで、グラフ彩色のときと同様にone-hot表現を使って定式化します。

$$H = \sum_{(i,j)} \sum_{a=1}^{K} d_{i,j} x_{i,a} x_{j,a} + A \sum_{i=1}^{N} \left(1 - \sum_{a=1}^{K} x_{i,a}\right)^2 \tag{3.10}$$

変数$x_{i,a}$は、i番目の点がa番目のグループに所属するときに1で、そうでないときに0とします。ここでは、点の数をN、グループの数をKとしました。右辺第2項は、それぞれの点が、一つのグループだけに所属するという制約

を表しています。Aはその one-hot 制約の強さを表す正のパラメータです。

二つのグループに分ける場合の目的関数と同じく、式 (3.10) は、距離が遠い点ほど別のグループにするのが好ましいという設計になっています。i番目とj番目の点が同じa番目のグループに所属するとき、$d_{i,j}$が目的関数に加算されることになるので、$d_{i,j}$が大きいほど同じグループになるのを避けようとします。その結果、距離の近い点どうしが同じグループになるわけです。

実際に、シミュレーテッド・アニーリングで式 (3.10) の最小化を実行して得られた結果を見てみましょう。

図 3.12(a)のようにランダムに点を配置します。点の数Nは 50 で、グループの数Kを 3 とします。パラメータAが小さいと one-hot 制約が満たされず、どのグループにも所属しない点ができてしまいます。その様子を表したのが、図 3.12(b) です。このときのパラメータの値は$A = 1$です。それぞれの所属するグループを、■、▲、+で表しています。灰色の●は、どこにも所属していない、つまり$\sum_{a=1}^{K} x_{i,a} = 0$となってしまった点です。この場合は、one-hot 制約がやぶれています。パラメータの値を大きくすると、図 3.12 (c) のように、制約を満たす解が得られます。このときのパラメータの値は$A = 7$です。

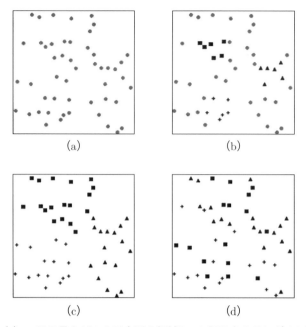

図 3.12 （a）一辺の長さが 1 の正方形の領域に 50 個の点をランダムに配置したもの。（b）式 (3.10) で $A = 1$ とした場合の結果。■、▲、+ は所属するグループを表す。灰色の●はどのグループにも所属していない。（c）式 (3.10) で $A = 7$ とした場合の結果。（d）式 (3.10) で $A = 20$ とした場合の結果。

　制約の強さを表すパラメータの**適切な値**は、点の数、グループの数、点と点の間の距離によります。ある点が、あるグループに所属するとき、その点と同じグループ内の点との距離の合計が、目的関数に加算されます。その加算分を上回る程度のペナルティを課さないと、どこにも所属しないほうが得になってしまいます。それが図 3.12(b) の状況です。

　逆にペナルティが大きすぎると、制約を満たしさえすれば、どこのグループに所属してもほとんど違いがなくなってしまいます。その結果、図 3.12 (d)のように、近い点どうしが違うグループになったり、遠い点どうしが同じグループになったりして、きれいにグループ分けができなくなります。このときのパラメータの値は $A = 20$ です。つまり、よい結果を得るためには、パラメータをちょうどいい大きさに設定する必要があるのです。

　図 3.12(c) を見ると、どのグループにもそれぞれ同じくらいの数の点が所

属しているのがわかります。これは、グループ内の点と点の距離の合計が目的関数に加算されるという、式(3.10)の性質によるものです。グループに所属する点が一つ増えれば、その点とグループ内の他の点との距離の合計が加算されるので、グループに所属する点は少ないほうがよいのです。どのグループもできるだけ所属する点の数を減らしたいため、結果的にどのグループにも同程度の数の点が所属することになります。

3.4.2 つながりによってグループを分ける

3.1 節で扱った例では、重み付きグラフで人間関係を表しました。そこでは仲がよいか悪いかを重みの符号で表現しましたが、ここでは、正の値の重みだけを考え、つながりが強いほど大きな値をとることとします。このとき、つながりの粗密によってグループを分ける問題を考えてみます。

この問題を解くための目的関数は、次のように表せます。

$$H = -\sum_{(i,j) \in E} \sum_{a=1}^{K_{\max}} J_{i,j} x_{i,a} x_{j,a} + A_1 \sum_{a=1}^{K_{\max}} \sum_{i<j} x_{i,a} x_{j,a} + A_2 \sum_{i=1}^{N} \left(1 - \sum_{a=1}^{K_{\max}} x_{i,a}\right)^2$$

$$(3.11)$$

ここで、頂点の個数を N、グループの最大個数を $K_{\max}$ とし、グラフの辺の集合を E としました。変数 $x_{i,a}$ は、i 番目の頂点が a 番目のグループに所属するときに 1 で、そうでないときに 0 とします。$J_{i,j}$ は i 番目と j 番目の頂点のつながりの強さを表す重みで、正の値をとります。右辺第 2 項の A_1 と第 3 項の A_2 は、正のパラメータです。

以下では、式(3.11)の各項を説明します。完全に理解できなくても、各項がもつ意味をつかめれば問題ありません。説明が難しいと感じたら、具体例を読んでから、もう一度説明を読み返してみてください。

式(3.11)の右辺第 1 項は、i 番目と j 番目の頂点が同じグループに所属するとき、重み $J_{i,j}$ だけ目的関数が小さくなる効果をもっています。つまり、i 番目と j 番目の頂点のつながりが強いほど、同じグループに所属するのが好ましいことを表しています。ただし、これだけだと、すべての頂点が同じグルー

プに所属するのが最適解になってしまいます。

　式(3.11)の右辺第2項は、そのような状況を避け、グループの数を適度に保つためにあります。$\Sigma_{i<j}\,x_{i,a}x_{j,a}$は、one-hot制約が満たされているとき、$a$番目のグループに所属する頂点のペアの数になります。a番目のグループに所属する頂点の数をN_aとすると、N_a個の中から二つ選ぶ組合せの数だから、$\Sigma_{i<j}\,x_{i,a}x_{j,a}=N_a(N_a-1)/2$です。$N_a$が大きいとき、すなわち、一つのグループに所属する頂点の数が多いとき、この項は大きくなります。グラフの頂点の数は決まっているので、それぞれのグループに所属する頂点の数が多くなると、グループの数が少なくなります。つまり、グループの数が少ないほど、式(3.11)の右辺第2項は大きくなります。これが、グループの数を少なくしすぎない効果になります。

　式(3.11)の右辺第3項は、それぞれの頂点が、一つのグループだけに所属するという制約を表しています。A_2は、そのone-hot制約の強さを表すパラメータです。

　式(3.11)では、右辺第1項と第2項のバランスによって、グループの数が自然に決まります。右辺第2項のA_1の値が小さければグループ数は少なく、大きければグループ数は多くなります。ただし、その個数は$K_{\max}$を超えることはありません。

● **具体例**

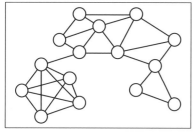

(a) 元のグラフ

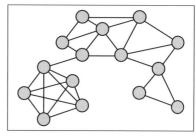

(b) $A_1 = 0$ の場合

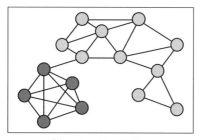

(c) $A_1 = 0.05$ の場合

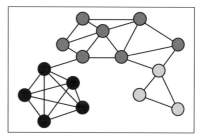

(d) $A_1 = 0.1$ の場合

図3.13 式(3.11)による (a) のグラフの頂点のグループ分け。(b)、(c)、(d) の
すべてにおいて、$K_{\max} = 3$, $J_{i,j} = 1$, $A_2 = 3$ とした。

　具体例として、**図 3.13**(a)のグラフの頂点をグループ分けする問題を考え
ます。辺の重みは、すべて $J_{i,j} = 1$ とし、最大グループ数は $K_{\max} = 3$ としま
す。式(3.11)の最小化を、シミュレーテッド・アニーリングで実行して得ら
れた結果が、図 3.13 (b)、(c)、(d) です。頂点の色がグループを表してい
ます。

　まず、式(3.11)の右辺第 2 項がない場合、つまり $A_1 = 0$ のときは、図 3.13
(b) のようにすべての頂点が同じグループに所属してしまいます。ここで、
one-hot 制約の強さを表すパラメータは $A_2 = 3$ と設定しました。(c) と (d)
についても同様です。

　グループ数を増やす効果を、少し入れてみましょう。$A_1 = 0.05$ のときは、
図 3.13(c) のように、二つのグループに分かれました。ちょうど、二つのグ
ループの間が 1 本の辺だけでつながっているところで分かれています。

　$A_1 = 0.1$ にすると、図 3.13(d) のように、三つのグループに分かれました。図 3.13(c) の二つのグループのうちの大きいほうが、比較的つながりの少ないところで二つに分裂したように見えます。

　図 3.13(b) と (c) では、最大グループ数を $K_{max} = 3$ に設定していたのにもかかわらず、実際には全体が一つのグループか、二つのグループにしか分かれていません。このように、パラメータを調整するだけでグループ数が自動的に決まるのが、式(3.11)による定式化の特徴です。

3.5　巡回セールスマン問題

　移動コストを最小化するための組合せ最適化問題に「巡回セールスマン問題」があります。あるセールスマンが、ある地域のすべての都市を1回ずつ訪問して出発地に戻ってくるとします。**図 3.14** のようなイメージです。このときの**最短経路**を求める問題が、巡回セールスマン問題です。典型的な組合せ最適化問題として、とても有名な問題です。

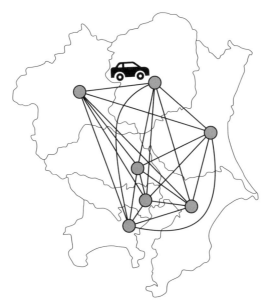

図 3.14　巡回セールスマン問題の問題イメージ

3.5.1　二重制約

● 定式化

　N 個の都市を訪問する巡回セールスマン問題を考えてみましょう。この問

題を解くための目的関数は次のように表せます。

$$H = \sum_{i=1}^{N} \sum_{j=1}^{N} d_{i,j} \sum_{a=1}^{N} x_{i,a} x_{j,a+1} + A_1 \sum_{i=1}^{N} \left(1 - \sum_{a=1}^{N} x_{i,a}\right)^2 + A_2 \sum_{a=1}^{N} \left(1 - \sum_{i=1}^{N} x_{i,a}\right)^2$$
$$(3.12)$$

ここで、$d_{i,j}$ は都市 i から都市 j への移動距離を示します。ただし、最短経路を距離ではなく時間で決めたい場合は、移動時間とします。$x_{i,a}$ は、都市 i を a 番目に訪問するときに 1 で、そうでないときに 0 とします。ただし、すべての都市を訪問したあとで出発地に戻るため、$x_{i,N+1} = x_{i,1}$ とします。A_1 と A_2 は正のパラメータです。

　式(3.12)の右辺第 1 項は、移動距離の合計を表しています。たとえば、都市 i を 2 番目に訪問してから都市 j に移動する、つまり都市 j を 3 番目に訪問する場合は、$x_{i,2} = 1$ かつ $x_{j,3} = 1$ です。また、それぞれの都市は 1 回ずつしか訪問しないので、$x_{i,1} = x_{i,3} = \cdots = x_{i,N} = 0$、$x_{j,1} = x_{j,2} = x_{j,4} = \cdots = x_{j,N} = 0$ です。すなわち、$\Sigma_a x_{i,a} x_{j,a+1} = x_{i,2} x_{j,3} = 1$ となります。そのとき、都市 i から都市 j への移動距離 d_{ij} が目的関数に加算されるわけです。

　式(3.12)の右辺第 2 項は、それぞれの都市をちょうど 1 回ずつ訪問するという制約を表します。$\Sigma_{a=1}^{N} x_{i,a}$ は、都市 i を訪問する回数になります。そのため、1 回も訪問しない都市があったり、複数回訪問する都市があったりすると、ペナルティとして正の値が加算されるわけです。A_1 は、そのペナルティの強さを表します。

　式(3.12)の右辺第 3 項は、同時に複数の都市を訪れないという制約に対応します。たとえば、都市 i にも都市 j にも 2 番目に訪問するとか、3 番目に訪問する都市は一つもないとか、そうした不可能な状況を避けるための制約です。$\Sigma_{i=1}^{N} x_{i,a}$ は、a 番目に訪問する都市の数になります。これが 1 以外の数になるとペナルティとして正の値が加算されます。A_2 は、そのペナルティの強さを表します。

　式(3.12)では、変数 $x_{i,a}$ の二つの添字 i と a のそれぞれに関して、one-hot 制約が課されています。制約が二重に課されているという意味で、こうした制約を**二重制約**といいます。

● **具体例**

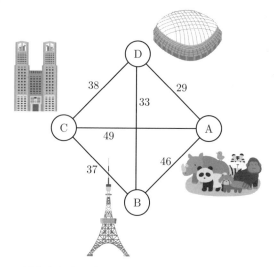

図 3.15　四つの観光地とそれぞれの地点を移動するのにかかる時間（単位は分）

　具体例として、**図 3.15** のような四つの観光地を巡る問題を考えてみましょう。それぞれの観光地を結ぶ線の脇に書かれた数字は、移動時間（単位は分）とします。問題を簡単にするために、移動時間は移動の向きによらないものとします。つまり、AからBへの移動時間とBからAへの移動時間は同じです。このとき、移動時間が最短になるような移動経路を求めます。

　四つの観光地を巡る経路は、4!＝4×3×2×1＝24 通りあります。しかし、出発地をどこに選んでも最短経路は変わらないはずなので、出発地を決めてしまえば（4で割ればいいので）6 通りになります。さらに、この問題設定では、移動時間が移動の向きによらないので、半分の3 通りだけ計算すればよいことになります。このように小さな規模の問題では、イジングマシンを使って解くメリットはありません。しかし、訪れる観光地の数を増やすと、考えうる経路の数は爆発的に増えます。そのような大きな規模の問題の場合には、イジングマシンを使って解く価値があります。

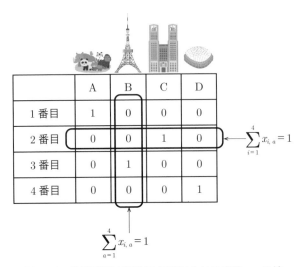

図 3.16　移動時間が最短の経路における変数 $x_{i,a}$ の値

　実際に**図 3.15** の問題設定で計算してみると、観光地 A を出発点とした場合の最短経路は、A→C→B→D→A（または、A→D→B→C→A）であることがわかります。このとき、式(3.12)の変数 $x_{i,a}$ の値は、**図 3.16** の表のようになります。これを式(3.12)に当てはめてみましょう。A、B、C、D をそれぞれ $i=1,2,3,4$ に対応させると、右辺第 1 項は

$$d_{1,3} + d_{3,2} + d_{2,4} + d_{4,1} \tag{3.13}$$

となります。右辺第 2 項と第 3 項は、制約を満たしているので 0 です。

　制約について、もっと詳しく見てみましょう。式(3.12)の右辺第 2 項は、表のそれぞれの列（縦の並び）に関して、変数の値の和をとると 1 になるという制約を意味しています。それぞれの列に「1」が一つずつあるということです。右辺第 3 項は、表のそれぞれの行（横の並び）に関して、変数の値の和をとると 1 になるという制約です。つまり、それぞれの行に「1」が一つずつあることに対応します。実際に、図 3.16 の表は、これらの制約を満たしています。

3.5.2 さまざまなアレンジ

● 境界をまたいだ移動を避けたい場合

図3.17 訪問先の地図

　次は、**図3.17**のように問題の設定を少し狭い地域に設定して、セールスマンが訪問先を自転車で回るとしましょう。この地域を、車通りの多い大きな道路が縦断していて、セールスマンはできるだけその道路の横断を避けたいとします。移動距離が短く、かつ横断回数が少なくなるような経路を求めるには、どうすればよいでしょうか。

　方針としては、その道路を横断したらペナルティを与えればよさそうです。これを定式化するために、まずはその大きな道路を境界として、訪問地域を左側の領域と右側の領域に分けましょう。訪問先がどちらの領域にあるのかを示すパラメータb_iを用意します。たとえば、訪問先iが左側の領域にあるなら$b_i = -1$、右側の領域にあるなら$b_i = 1$とします。次の訪問先jが同じ領域にあるなら0で、反対側の領域にあるなら正の値になるように、ペナルティを与えます。$(b_i - b_j)^2$という形で、このペナルティが実現できます。

　以上のアイデアを式(3.12)に追加すると、この問題に対応する目的関数は、次のように表せます。

$$H = \sum_{i=1}^{N} \sum_{j=1}^{N} \left\{ d_{i,j} + \beta (b_i - b_j)^2 \right\} \sum_{a=1}^{N} x_{i,a} x_{j,a+1} + H_{\mathrm{pn}} \tag{3.14}$$

ここで右辺第 1 項の中の β は正のパラメータで、大きな道路の横断を避けたい度合いを表します。また、右辺第 2 項は二重制約を表す項で、式(3.12)の右辺第 2 項と第 3 項をあわせたものです。すなわち、次式で表します。

$$H_{\mathrm{pn}} = A_1 \sum_{i=1}^{N} \left(1 - \sum_{a=1}^{N} x_{i,a} \right)^2 + A_2 \sum_{a=1}^{N} \left(1 - \sum_{i=1}^{N} x_{i,a} \right)^2 \tag{3.15}$$

　横断したくない道路が複数ある場合には、もっと細かい領域に分ければよいでしょう。その場合も基本的な方針は同じで、次の訪問先が同じ領域にあれば 0、違う領域にあれば正の値となるようなペナルティを与えるようにします。訪問先がどの領域にあるかを示すパラメータ b_i は、たとえば領域の番号を表す整数とします。この場合の目的関数は、**クロネッカーのデルタ**とよばれる記号

$$\delta_{b_i, b_j} = \begin{cases} 1, & b_i = b_j \\ 0, & b_i \neq b_j \end{cases} \tag{3.16}$$

を使って、次のように表せます。

$$H = \sum_{i=1}^{N} \sum_{j=1}^{N} \left\{ d_{i,j} + \beta (1 - \delta_{b_i, b_j}) \right\} \sum_{a=1}^{N} x_{i,a} x_{j,a+1} + H_{\mathrm{pn}} \tag{3.17}$$

こうすると、訪問先 i と次の訪問先 j が異なる領域にある場合に、ペナルティが与えられることになります。右辺第 1 項の中の β は、そのペナルティの強さを表します。右辺第 2 項の H_{pn} は、式(3.15)です。

● 訪問の順番に優先度がある場合

　ある訪問先は早めに訪問したいというような、優先度のある場合を考えてみましょう。その場合は、優先度の高い訪問先への訪問の順番が遅くなったら、ペナルティを与えるようにすればよさそうです。訪問先 i を a 番目に訪問

するときのペナルティを$f_i(a)$とすると、目的関数は次のように表せます。

$$H = \sum_{i=1}^{N} \sum_{j=1}^{N} d_{i,j} \sum_{a=1}^{N} x_{i,a} x_{j,a+1} + \sum_{i=1}^{N} \sum_{a=1}^{N} f_i(a) x_{i,a} + H_{pn} \qquad (3.18)$$

右辺第3項のH_{pn}は、式(3.15)です。

右辺第2項のペナルティの関数$f_i(a)$は、たとえば次式で表せます。

$$f_i(a) = \gamma_i a \qquad (3.19)$$

γ_iは訪問先iの優先度に対応していて、優先度の高い場合は正の値をとります。そのため、訪問の順番が遅くなるほどペナルティが大きくなります。優先度の設定がない場合は、$\gamma_i = 0$とします。

式(3.19)は単純な形をしていますが、aの増加関数であれば、別の関数でも構いません。訪問の順番が早ければペナルティが小さく、遅くなるほどペナルティが大きくなることが重要です。

3

イジングマシンにとって不利な問題？

　変数間に複雑な関係がある組合せ最適化問題は、従来型のコンピュータよりも、イジングマシンで解くほうが有利だと考えられています。しかし問題によっては、イジングマシンが不利となる場合もあります。2.4節でも少しふれましたが、不利な場合の例として、制約条件の数が多すぎる場合や、補助変数が多数必要な場合が挙げられます。実は、巡回セールスマン問題も、比較的不利な問題の一つです。

　巡回セールスマン問題の定式化には、二重制約が含まれます。その二つの制約を同時に満たすようにパラメータを調整するために、多少の手間がかかります。これがイジングマシンにとって不利な点の一つです。しかし、巡回セールスマン問題に関しては、従来型のコンピュータよりもイジングマシンが不利である別の理由があります。それは、この問題を非常に高速に解けるアルゴリズムが、すでに見つかっているということです。

　規模の大きな巡回セールスマン問題の解を全探索で求めようとすれば、非常に長い時間がかかります。訪問する都市の数が大きくなるにつれて、考えうる経路の数が爆発的に増えるためです。そのため、従来型のコンピュータで全探索する方法に比べれば、イジングマシンを用いた計算のほうが、ずっと高速に計算できるのは確実です。しかし、巡回セールスマン問題の研究の歴史は長く、すでに非常に効率よく最適解を求められるアルゴリズムが開発され、ソフトウェアも公開されています[1]。このように従来型のコンピュータで効率的に計算できるアルゴリズムがある場合には、計算速度に関する優位性が弱まり、イジングマシンが不利になってしまいます。

　ただし、イジングマシンによる計算が不利となる問題であっても、使い方によってはメリットがあります。たとえば、比較的短時間で多数の近似解を得られるというイジングマシンの性質を利用すれば、多様性のある解を得られます。それらの解の候補を出力し、定式化しきれなかった要素を加味して、その候補の中から人の手で解を選ぶという使い方もできるのです。

＊1　Concorde TSP Solver, http://www.math.uwaterloo.ca/tsp/concorde/index.html

3.6 ナップサック問題

　ナップサック問題は、ナップサックの容量を超えないように品物を詰め込み、それらの品物の価値の合計が最大になるようにする問題です。たとえば、トラックが 1 台しかない場合にどのような物資を運ぶかといった問題や、試験時間に対して問題数が多すぎる場合にどの問題を解いて得点を上げるかといった問題に応用できます。ナップサック問題ではナップサックの容量を超えないという条件が不等式で表されるため、**不等式制約**を課すことになります。不等式制約を課すための定式化は複雑ですので、例を見ながら式の意味を把握していきましょう。

3.6.1 不等式制約と補助変数

● ナップサック問題の簡単な例

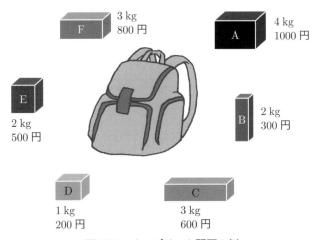

図 3.18　ナップサック問題の例

　簡単な例を考えてみましょう。**図 3.18** に示す品物が準備されていて、ナップサックの容量は 5 kg だとします。容量を超えない範囲で、詰め込む品物の

価値の合計を最大にするには、どんな組合せにしたらよいでしょうか？

　この場合は、5 kg以内に収まる組合せは限られているので、総当たりで調べてみれば、答えがEとFだとわかります。重量の合計は5 kg、価値の合計は1300円になります。

● 定式化

　まず、詰め込む品物の価値の合計を最大化することを考えましょう。イジングマシンで扱う目的関数は最小化するべきものなので、品物の価値の合計にマイナスをかけたものを使います。品物の個数を N として、品物 i の価値を v_i とすると、詰め込む品物の価値の合計を最大化するための項は、次式で書けます。

$$-\sum_{i=1}^{N} v_i x_i \tag{3.20}$$

x_i は二値変数で、品物 i を詰め込む場合は 1、そうでない場合は 0 とします。次に、重量の合計に関する制約条件を考えましょう。ナップサックの容量を W として、品物 i の重量を w_i とすると、品物の重量の合計が容量以下となる条件は

$$\sum_{i=1}^{N} w_i x_i \leq W \tag{3.21}$$

です。この不等式を満たさない場合は、ペナルティを与えるようにします。そのために、不等式制約を等式制約に書き換えます。詰め込む品物の重量の合計を表す変数 Y を使って、式 (3.21) を次の等式で書き換えます。

$$\sum_{i=1}^{N} w_i x_i = Y \tag{3.22}$$

ただし、$0 \leq Y \leq W$ とします。つまり、不等式制約を新たな変数の条件 ($0 \leq Y \leq W$) として書き換えることで、もとの制約条件を等式制約として表

現しているのです。よって、目的関数には、ペナルティを表す項として

$$\left(\sum_{i=1}^{N} w_i x_i - Y\right)^2 \tag{3.23}$$

を加えることになります。

では、変数 Y はどのように表現すればよいでしょうか。ここでは、図 3.18 の例と同じく、w_i と W を整数だとしましょう。その場合は当然ながら Y も整数で、制約を満たすときには、$0,1,2,\dots,W$ のいずれかになります。そこで、補助変数 y_n を使って、**one-hot表現**で Y を表すことにします。式で書くと

$$Y = \sum_{n=0}^{N} n y_n \tag{3.24}$$

となります。y_n は 0 または 1 の値で、

$$\sum_{n=0}^{N} y_n = 1 \tag{3.25}$$

という one-hot 制約を満たします。つまり、$n = Y$ のとき $y_n = 1$ で、$n \neq Y$ のとき $y_n = 0$ となるように制約を課しているのです。

表 3.3 $Y = 3$ の one-hot 表現

n	0	1	2	3	4	5
y_n	0	0	0	1	0	0

たとえば、$W = 5$ で $Y = 3$ の場合には、補助変数の値は**表 3.3** のようになります。このとき、式(3.24)を書き出してみると、次のようになります。

$$Y = 0 \cdot 1 + 1 \cdot 0 + 2 \cdot 0 + 3 \cdot 1 + 4 \cdot 0 + 5 \cdot 0 \tag{3.26}$$

よって、$Y = 3$ が表現できていることがわかります。また、式(3.25)が満たされているのも明らかです。

以上をまとめると、イジングマシンで最小化すべき目的関数は、次式になります。

$$H = -\sum_{i=1}^{N} v_i x_i + A_1 \left(\sum_{i=1}^{N} w_i x_i - \sum_{n=0}^{W} n y_n \right)^2 + A_2 \left(1 - \sum_{n=0}^{W} y_n \right)^2 \tag{3.27}$$

右辺第1項は、式(3.20)そのものです。第2項は、式(3.23)に式(3.24)を代入したもので、係数のA_1は制約の強さを表すパラメータです。第3項は、式(3.25)のone-hot制約を満たすための項で、係数のA_2はその制約の強さを表すパラメータです。A_1もA_2も正の値をもちます。

表3.4　簡単な例(図3.18)の設定のまとめと、最適解での変数の値。

品物	A	B	C	D	E	F
価値 v_i	1000	300	600	200	500	800
重量 w_i	4	2	3	1	2	3
変数 x_i	0	0	0	0	1	1

n	0	1	2	3	4	5
y_n	0	0	0	0	0	1

図3.18に示した簡単な例を、式(3.27)に当てはめてみましょう。設定値と、最適解の変数の値は、**表3.4**にまとめたとおりです。品物EとFの価値の合計は1300なので、式(3.27)の右辺第1項は、$-\sum_i v_i x_i = -1300$です。品物EとFの重量の合計は$\sum_i w_i x_i = 5$で、補助変数による表現でも$\sum_n n y_n = 5$なので、式(3.27)の右辺第2項は0になります。また、$\sum_n y_n = 1$なので、第3項も0です。これで、重量の合計が$W = 5$以下という制約が満たされているのを確認できました。

それでは、容量を超えて品物を詰め込もうとすると、どうなるでしょうか。たとえば、品物AとFを選んだとしましょう。この場合は、$-\sum_i v_i x_i = -1800$となるので、式(3.27)の右辺第1項は制約を満たした最適解よりも小さくなります。しかし、$\sum_i w_i x_i = 7$で、容量を超えています。式(3.27)の右辺第2項を0にするには$\sum_n n y_n = 7$でなければなりませんが、その場合はどうしても$\sum_n y_n \neq 1$となってしまい、第3項が正の値をもちます。つまり、ペナルティが加算されます。

　実際にイジングマシンを使って問題を解くときには、式(3.27)の右辺第2項、第3項のパラメータ A_1、A_2 の設定が重要です。制約条件をやぶった場合に、品物の価値の合計で得する分よりもペナルティのほうが大きくなるように、パラメータを調整する必要があります。

3.6.2　2進法表現の補助変数

　上の簡単な例では、それぞれの品物の重量もナップサックの容量も整数で、補助変数の数も少なくてすみました。これに対して、重量や容量の数値が桁数の大きな有効数字をもつ場合は、one-hot表現は向いていません。なぜなら、補助変数の数も、それに関するone-hot制約の数も膨大になってしまうからです。その場合は、**2進法表現**を用いるほうが適切です。

　2進法表現は、2.3節でも簡単に説明しました。たとえば10進法で1桁の数字は、2進法では最大4桁になるのでした。つまり、10進法で1桁の数字をone-hot表現で表すなら10個の二値変数が必要なのに対し、2進法表現なら4個の二値変数で足りるわけです。しかも、2進法表現を使えばone-hot制約は必要ないので、余計な制約条件を追加せずにすみます。

● 定式化

　目的関数のうち、品物の価値の合計を最大化する部分については、式(3.27)の右辺第1項と同じです。ここで変更するのは、重量の合計に関する不等式制約を等式制約に書き換える方法です。詰め込む品物の重量の合計が容量以下となる条件は式(3.21)と同じですが、再掲します。

$$\sum_{i=1}^{N} w_i x_i \leq W \tag{3.28}$$

ここで、Wはナップサックの容量、w_iは品物iの重量です。これを、ナップサックの容量と品物の重量の合計との差を表す変数Zを使って、次の等式で書き換えます。

$$\sum_{i=1}^{N} w_i x_i + Z = W \tag{3.29}$$

ただし、$0 \leq Z \leq W$とします。このように、最適化問題において不等式制約を等式制約に変換するために導入する変数Zは、**スラック変数**とよばれます。ここでは、スラック変数が、もとの不等式制約の不等号を受け止めているのです。

　では、スラック変数Zとその制約条件を2進法で表現する方法を考えましょう。説明を簡単にするため、WもZも整数だとします。z_nを2^nの位の数字（0または1）とすると、Zは次のように表せます。

$$Z = \sum_{n=0}^{n_{\max}} 2^n z_n \tag{3.30}$$

　ここでポイントとなるのは、和記号の上限$n_{\max}$です。$n_{\max}+1$が2進法で表現するZの桁数です。Zの最大値の値がW以上となるように$n_{\max}$を決めます。具体的には

$$n_{\max} = \lfloor \log_2 W \rfloor \tag{3.31}$$

とします。ここで、$\lfloor x \rfloor$はxの小数の切り捨て（つまり整数部分）で、床関数といいます。このときの$n_{\max}$とZの最大値の関係を、**表 3.5** に示しました。$W \leq (Z$の最大値$)$となっているのが確認できます。

表 3.5　Wを式(3.31)で定義したときの$n_{\max}$とZの最大値。

W	1	2	3	4	5	6	7	8	9
$n_{\max}$	0	1	1	2	2	2	2	3	3
Zの最大値	1	3	3	7	7	7	7	15	15

　$0 \leq Z \leq W$という条件を満たすには、式(3.29)の制約をやぶる場合にペナルティを与えるようにします。まず、式(3.30)の定義から、$Z \geq 0$という条件は必ず満たされます。式(3.29)が満たされるなら$Z = W - \sum_i w_i x_i$なので、

これを$Z \geq 0$に代入すると、$W \geq \Sigma_i w_i x_i$となります。つまり、品物の重量の合計がナップサックの容量以下になることは、Zの定義と式(3.29)に組み込まれているのです。逆に$Z \leq W$という条件は、Zの定義上はやぶれる可能性があります。しかし、$Z > W$の場合は、式(3.29)の等式制約をどうしても満たせないので、ペナルティが課されることになります。

以上をまとめると、イジングマシンで最小化すべき目的関数は、次式のようになります。

$$H = -\sum_{i=1}^{N} v_i x_i + A\left(\sum_{i=1}^{N} w_i x_i + \sum_{n=0}^{n_{\max}} 2^n z_n - W\right)^2 \tag{3.32}$$

右辺第1項は、詰め込んだ品物の価値の合計にマイナスをつけたものです。第2項は、式(3.29)の等式制約を満たすためのペナルティの項で、Zとして式(3.30)を代入したものです。Aは正のパラメータで、制約の強さを表しています。

図3.18に示した簡単な例を、式(3.32)に当てはめてみましょう。設定値と、最適解での変数x_iの値は、表3.4にまとめてありました。その表の値を使うと、式(3.32)の右辺第1項は$-\Sigma_i v_i x_i = -1300$で、第2項の重量の合計の部分は$\Sigma_i w_i x_i = 5$です。$W = 5$なので、スラック変数の部分は$\Sigma_n 2^n z_n = 0$となります。

表 3.6　簡単な例（図 3.18）の最適解での補助変数 z_n の値。

n	0	1	2
z_n	0	0	0

この場合の補助変数z_iの値は、**表 3.6**のようになります。$W = 5$のときは、表3.5より$n_{\max} = 2$だから、補助変数の数は3個です。具体的に当てはめると$2^0 \cdot 0 + 2^1 \cdot 0 + 2^2 \cdot 0 = 0$となります。今回の例では、詰め込んだ品物の重量の合計とナップサックの容量が一致したので、$Z = 0$となりました。重量の合計が容量よりも小さければ、Zは正の値をもちます。

イジングマシンを使ってみよう

　本章では、典型的な組合せ最適化問題を取り上げて、その定式化について説明しました。ここまで読み通せたら、イジングマシンで計算を実行するための、基本的な知識が身についているはずです。イジングマシンの実機やシミュレータを利用して、実践してみることをお勧めします。ここでは 2022 年現在、基本的に無料で試せる方法を紹介します。ただし、サービスが変更されることもありますので、利用するときには最新の情報を確認してください。

D-Wave Leap

https://www.dwavesys.com/solutions-and-products/cloud-platform/

　D-Wave の量子コンピューティング・クラウドサービスで、1 ヶ月の無料お試し期間があります。そのあとは基本的に有料となりますが、このサービスで開発したコードをオープンソースにすることで無料枠が得られる開発者プランもあります。量子アニーリングマシンと、量子・古典ハイブリッドソルバー（量子コンピュータと古典コンピュータを併用するソルバー）へのアクセスが、提供されています。

Annealing Cloud Web

https://annealing-cloud.com/

　NEDO（国立研究開発法人新エネルギー・産業技術総合開発機構）のプロジェクトから発展したクラウドサービスで、CMOS アニーリングマシンが無料公開されています。CMOS アニーリングマシンとは、イジング模型による最適化処理を行うため、使用している記憶素子の構造を活用して開発された、アニーリングマシンです。サービス上では、アニーリングマシンのしくみや使い方、適用事例なども紹介されています。

Fixstars Amplify

https://amplify.fixstars.com/

　イジングマシンを利用するためのクラウド基盤で、さまざまなイジングマシンに対応しています。研究・開発での利用なら、フィックスターズが提供する GPU ベースのアニーリングマシンと、D-Wave の量子アニーリングマシン（時間制限あり）が無料で使えます。チュートリアルやデモアプリも充実しています。

東芝SBM（シミュレーテッド分岐マシン）

https://www.global.toshiba/jp/products-solutions/ai-iot/sbm.html

クラウドサービス（Amazon Marketplace）で、PoC（概念実証）版を試せます。SBM自体の利用料は発生しませんが、AWS（Amazon Web Services）の仮想マシン（IaaS）使用料がかかります。

ABS QUBO Solver

https://qubo.cs.hiroshima-u.ac.jp/

広島大学とNTTデータが開発した、組合せ最適化問題を複数のGPU（Graphics Processing Unit）を用いて効率よく解く手法「アダプティブ・バルク・サーチ」という計算方式を実装した実行環境が無償公開されています。Webブラウザから解きたい問題を記述したファイルをアップロードすることで、実行できます。

以上は、イジングマシンの実機で、インターネットを通して使用するタイプです。より手軽に試すなら、イジングマシンのシミュレータとしてシミュレーテッド・アニーリングを実装したソフトウェアがあります。以下で紹介するのは、このタイプで、自分のパソコンにインストールして使えます。

dwave-neal

https://github.com/dwavesystems/dwave-neal/

シミュレーテッド・アニーリングを実装したPythonパッケージです。目的関数の定義や計算結果の表現は、D-Waveの量子アニーリングマシンと同じ形式を採用しています。

OpenJij

https://www.openjij.org/

シミュレーテッド・アニーリングだけでなく、シミュレーテッド量子アニーリングも実装されたPythonパッケージです。日本語のチュートリアルも公開されています。

NEXT
STEP　本章では、典型的な組合せ最適化問題について、具体例と定式化の方法を説明しました。本章で説明した方法は、複雑な組合せ最適化問題に対しても応用することができます。次章で紹介する、イジングマシンを使った機械学習も、部分的に組合せ最適化問題を含んでいます。次章を読むと、本章で学んだ内容が、より実用的な問題に適用できることがわかるでしょう。

イジングマシンを使った 機械学習

　1.2.4 項で説明したように、機械学習はコンピュータを使ってデータから学習する手法です。この機械学習にイジングマシンを利用する、さまざまな方法が提案されています。本章では、その中でも代表的なものを紹介します。基本的には、機械学習の一部を組合せ最適化問題として定式化し、その部分にイジングマシンを使います。つまり、イジングマシンと従来型コンピュータを併用する手法です。

Keyword
二値分類 ➡ データを二つのグループに分ける分類問題
過学習 ➡ 学習データに対してのみ過度に最適化され、新しいデータに対する正答率が下がること
アンサンブル学習 ➡ 弱識別器を複数組み合わせて強識別器をつくる機械学習の手法
ブースティング ➡ 次の弱識別器をつくる際、それまでの弱識別器の結果を考慮して学習する方法
行列分解 ➡ 行列を行列の積に分解する手法
非負行列 ➡ 各成分が 0 以上の実数であるような行列
ブラックボックス最適化 ➡ 形のわからない目的関数（ブラックボックス関数）を最適化する方法
ベイズ最適化 ➡ 不確かさを考慮して行うブラックボックス最適化

4.1 二値分類

　データを二つの種類に分類する二値分類の簡単な例は、3.4節で紹介した、二つのグループに分けるクラスタリングです。それよりもっと複雑な問題にも対応できる二値分類の手法を紹介します。

4.1.1　QBoost

　与えられたデータを二値（たとえば白か黒か）に分類する問題を考えます。まず、二値のどちらであるかを判定するための「識別器」を用意します。しかし、すべてのデータを正しく判定できる完璧な識別器を、はじめから用意できるわけがありません。そこで、単体だと精度があまりよくない**弱識別器**を多数用意します。これらの弱識別器を複数組み合わせて、精度のよい**強識別器**をつくるのが、**QBoost**の目的です。QBoostは、弱識別器の組合せを最適化する部分にイジングマシンを使うことで、効率的に精度のよい強識別器をつくることができます。

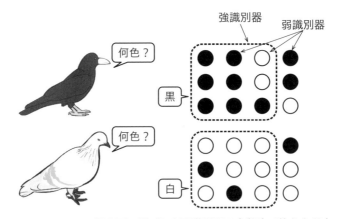

図4.1　QBoostの概念図。選ばれた弱識別器の多数決で答えをだす。

たとえば、動物の写真を用意して、その動物の色を白と黒に分類する問題を考えてみましょう。そのときのQBoostのイメージが**図4.1**です。丸で表した弱識別器には、正解するものも間違うものもあります。その中からいくつかを選んで強識別器をつくるのですが、特定の問題に対して精度のよい順に選ぶわけではありません。強識別器としてできるだけ正答率が高くなるような、弱識別器の組合せを選ぶのです。

● 定式化

機械学習には、まず学習データが必要です。ここでは、**データ**とそれに対応する**ラベル**をセットで用意します。先ほどの例でいうと、動物の写真がデータで、その動物の色（白または黒）がラベルです。d番目のデータを$x^{(d)}$、それに対応するラベルを$y^{(d)}$としましょう。$y^{(d)}$の値は1（白）または-1（黒）とします。学習データとして、$x^{(d)}$と$y^{(d)}$のセットをD個用意します。

弱識別器は全部でN個あるとしましょう。d番目のデータに対するi番目の弱識別器の識別結果は$C_i(x^{(d)})$で、その値は1（白）または-1（黒）です。このとき、強識別器の識別結果は、次のように表せます。

$$\mathrm{sign}\left(\sum_{i=1}^{N} w_i C_i(x^{(d)})\right) \tag{4.1}$$

ここで、$\mathrm{sign}(\ )$は符号を表す関数で、カッコの中の値が正ならば1、負ならば-1となります。w_iは、i番目の弱識別器が選ばれているときに1で、そうでないときに0です。つまり、強識別器を構成する弱識別器の組合せを、w_iで表すわけです。

式(4.1)では、選ばれた弱識別器の識別結果だけが考慮されます。選ばれた弱識別器のなかで、1を出したものが-1を出したものよりも多ければ、強識別器の答えは1になります。逆に、-1を出したものが1を出したものよりも多ければ、強識別器の答えは-1になります。つまり、選ばれた弱識別器の**多数決**で、強識別器の識別結果が決まるのです。

QBoostでは、w_iを変数として、次のような目的関数を最小化することで、弱識別器の最適な組合せを求めます。

$$H = \sum_{d=1}^{D} \left(\frac{1}{N} \sum_{i=1}^{N} w_i C_i(\boldsymbol{x}^{(d)}) - y^{(d)} \right)^2 + A \sum_{i=1}^{N} w_i \tag{4.2}$$

ここで、Aは正の値をとるパラメータです。

　式(4.2)の右辺第1項は、選ばれた弱識別器の出した答えの平均と正解ラベル $y^{(d)}$ の値が近いほど、小さくなります。すべての学習データに対して、平均的にできるだけ正答率が高くなるような弱識別器の組合せを選ぶのが、この項の目的です。しかし、それだけだと学習データに対してだけ最適化されてしまい、別の新しいデータに対する正答率が下がる可能性があります。このような現象を**過学習**といいます。二値分類の本来の目的は、学習データの分類ではなく、新しく与えられたデータを正しく分類することです。過学習が起きると、その目的が果たせなくなります。

　式(4.2)の右辺第2項は、そのような過学習を抑える効果があります。$\sum_{i=1}^{N} w_i$は選ばれる弱識別器の個数です。単純な形の項ですが、これによって、弱識別器を無駄にたくさん選ぶことのないようにします。パラメータ A の値が大きいほど、選ばれる弱識別器の個数を減らす効果があります。

● 従来の手法との違い

　弱識別器を複数組み合わせて強識別器をつくる機械学習の手法は、一般に**アンサンブル学習**とよばれています。そのなかに、**ブースティング**という手法があります。ブースティングは、弱識別器を少しずつ改良していく方法で、次の弱識別器をつくるのに、それまでの弱識別器の結果を考慮して学習していきます。ここで紹介したQBoostは、目的関数の最小化によって一度に弱識別器の組合せを決めるので、従来のブースティングとは少し違います。

　QBoostに限らずイジングマシンを使う機械学習では、類似の従来手法に比べて過学習が起こりにくいといわれています。近年のさまざまな研究報告によって、実際にその傾向が示されています。その理由は解明されていませんが、イジングマシンでは連続変数ではなく二値変数を使うことで過学習が抑えられているからではないかと考えられています。

4.1.2 手書き数字画像の分類

ここでは具体例として、「3」と「8」の手書き数字画像を分類する問題を考えてみましょう。機械学習の例題に使われる手書き数字の画像としては、MNISTというデータセット[1] が有名です。機械学習でよく使われるプログラミング言語のPythonのパッケージでも提供されています。MNISTには「0」から「9」までの手書き数字画像のデータがありますが、その中から「3」と「8」のものだけを選んで使います。

MNISTデータセットでは、画像とそのラベルがセットになっています。式(4.2)の中の記号でいうと、d番目のデータの画像が$x^{(d)}$ で、ラベルが$y^{(d)}$ に対応します。MNISTの場合、$x^{(d)}$ は $28 \times 28 = 784$ 個の成分からなるベクトルです。そしてそのそれぞれの成分は、白から黒のグレースケール（濃淡）を 256 段階で表した数値です。$y^{(d)}$ は、手書き画像が表す（正解の）数字に対応します。

$$x^{(d)} = [0, \ldots, 0, 0, \ldots, 0,$$
$$\ldots,$$
$$0, \ldots, 160, 254, \ldots, 0$$
$$\ldots,$$
$$0, \ldots, 0, 0, \ldots, 0]$$
$$y^{(d)} = -1$$

図 4.2 「3」の手書き数字画像の例

QBoostのポイントは、$y^{(d)}$ の値を 1 または−1 に設定することです。ここでは、「3」のとき$y^{(d)} = -1$ で、「8」のとき$y^{(d)} = 1$ としましょう。QBoostで使うデータは、**図 4.2** のようなイメージです。

＊1　The MNIST (Modified National Institute of Standards and Technology) database, http://yann.lecun.com/exdb/mnist/

● **実験結果**

　実際に、シミュレーテッド・アニーリングを用いて QBoost を実行してみると、完璧ではありませんが、うまく分類できます。「3」と「8」の画像について、合計 11982 個のデータを学習して、85% くらいの精度で分類できました。**図 4.3** に、正しく分類された画像と、間違って分類された画像の例を示します。正解の数字と推定の数字が違うものが、間違って分類された画像です。人の目では正しく分類できそうですが、典型的な形をしていないことがわかります。

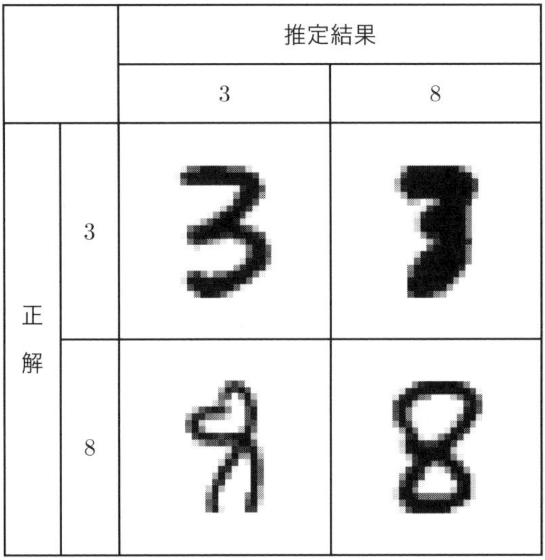

図 4.3　正しく分類された画像と間違って分類された画像の例

　今回はランダムに 32 個の弱識別器を準備したのですが、実際に選択されたのは、そのうち 7 個程度でした。弱識別器には深さ 1 の**決定木**を使いました。**図 4.4** が、この問題の場合の決定木の例です。ある画素の値が、ある値より大きいか小さいかで、画像の分類を推定します。つまり、それぞれの弱識別器は、画像の中のある 1 点の画素の値しか見ていません。複数の弱識別器を組み合わせると、複数の点での値を利用して判断することになるので、分類の精度が高められます。

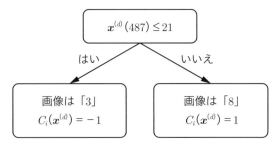

図 4.4　決定木の例。i 番目の弱識別器の場合。

● もっと詳しく学ぶには

　QBoost の Python コード[2] が公開されています。その中に手書き数字画像の分類のデモンストレーションもあります。D-Wave（3.6.2 項コラム参照）の量子アニーリングマシンを利用する設定になっているので、その利用環境が整っている場合には、試してみるのもいいでしょう。

　インターネットで検索すれば、他にもサンプルコードや日本語での解説が見つかります[3]。それらを参考にして、自分でコードを書いてみるのもいいでしょう。

---

[2]　QBoost, https://github.com/dwave-examples/qboost

[3]　たとえば、OpenJij チュートリアル：アニーリングを用いたアンサンブル学習（QBoost）、
　　　https://openjij.github.io/OpenJij/tutorial/ja/machine_learning/qboost.html

4.2　行列分解

　行列分解は、行列を行列の積に分解する手法です。行列を用いた計算の効率化や、データのもつ特徴の抽出を目的として用いられ、推薦システムや画像処理など、幅広い分野に応用されています。ここでは、データの特徴を抽出するための、行列分解の手法をとりあげます。行列や行列演算の方法を知らない場合は、付録を参照してください。

4.2.1　非負値二値行列因子分解

　行列 V を $m \times n$ の**非負行列**とします。つまり、行列 V の各成分は、0以上の実数です。これを、$m \times k$ の非負行列 W と $k \times n$ の非負行列 H の積に分解する問題を考えます。式で表すと

$$V \approx WH \tag{4.3}$$

となります。**図 4.5** のようなイメージです。右辺と左辺がぴったり一致しなくてもよいという意味で、等号ではなく近似の記号「$\approx$」を使っています。

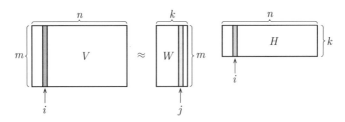

図 4.5　行列因子分解の概念図

　行列 V のそれぞれの列が一つひとつのデータです。たとえば、i 番目のデータが行列 V の第 i 列に入っています。行列 W のそれぞれの列は、データの特徴を表します。これを、**基底ベクトル**とよびましょう。たとえば、行列 W の

第j列はj番目の基底ベクトルです。行列Hのそれぞれの列は、それらの基底ベクトルを足し合わせてデータを近似するための**重み**を表しています。たとえば、行列Hの第i列は、i番目のデータを近似するのに、どのような重みで基底ベクトルを足し合わせるのかを表しています。

この問題を解くための従来手法に、**非負値行列因子分解**（Non-negative Matrix Factorization, **NMF**）があります。式(4.3)を満たすように、行列Wと行列Hを交互に更新する手法です。

イジングマシンを利用するようにNMFを拡張した手法を、**非負値二値行列因子分解**（Non-negative/Binary Matrix Factorization, **NBMF**）といいます。NBMFでは、Wを非負行列、Hを二値行列とします。つまり、Hの成分は0または1です。NMFとNBMFを比較すると、行列Vに用いるデータにもよりますが、WHによる行列Vの近似の精度はNMFのほうが勝るものの、アルゴリズムが収束するまでの更新回数はNBMFのほうが少なくてすむという報告があります[*1]。

NBMFのイメージは、**図4.6**のような感じです。例として、行列Vが多数の文字の画像のデータからできていて、ある列が「金」の画像であると想像します。行列Wのそれぞれの列（基底ベクトル）は、行列Vを再現するためのパーツのようなイメージですが、お互いに重なりがあるパーツもあります。この基底ベクトルをどのような組合せで足し合わせるかを、行列Hで指定します。行列Hで指定したとおりに足し合わせたときに、行列Vを近似できるようになります。

＊1　H. Asaoka, K. Kudo, Image Analysis Based on Nonnegative/Binary Matrix Factorization, Journal of the Physical Society of Japan **89**, 085001 (2020).

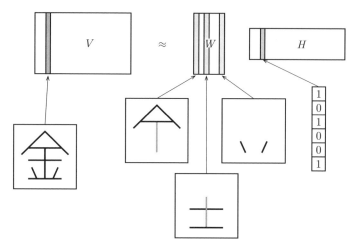

図 4.6　NBMF の概念図（「金」の画像の分解の例）

● アルゴリズム

　NBMF では V を WH で近似するため、V と WH の差を小さくするように、すなわち

$$\|V - WH\|_{\mathrm{F}}^{2} \tag{4.4}$$

を最小化するように W と H を調整します。ここで、$\|\ \ \|_{\mathrm{F}}^{2}$ は行列の各成分の2乗の和で、フロベニウス距離といいます。このとき、W と H を同時に更新するのではなく、**図 4.7** に示すように片方ずつ更新します。W の各成分は非負の実数なので従来型コンピュータによる計算で更新し、H の各成分は 0 または 1 なのでイジングマシンを用いた計算で更新します。これを繰り返しながら、V と WH の差を小さくしていきます。V と WH の差が十分小さくなるか、W の更新前と更新後の差が十分小さくなったら、アルゴリズムを終了します。W の更新については、イジングマシンが使われず、また本書の目的の範囲を超えるので、ここでは説明を省略します[*2]。

[*2]　W の更新には、たとえば、次の文献で説明されている射影勾配法が使えます。C.-J. Lin, Projected Gradient Methods for Nonnegative Matrix Factorization, Neural Computation **19**, 2756–2779 (2007).

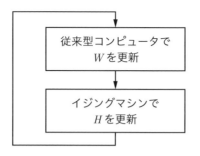

図 4.7 NBMFのアルゴリズムの概略図

イジングマシンで計算を実行する部分の目的関数は、VおよびHの列ごとに定義できます。Vの第i列をV_i、それに対応するHの列をxとすると、目的関数は次のように表せます。

$$f(x) = \|V_i - Wx\|^2 \tag{4.5}$$

xの各成分は0または1です。イジングマシンを用いて式(4.5)を最小化するようなxを求めて、それをHの第i列とします。この計算を$i = 1,\ldots,n$に関して行うと、行列H全体の更新ができるわけです。

4.2.2　顔画像の合成

具体例として、顔画像を行列Vの各列に設定して、NBMFを実行してみましょう。Pythonの機械学習ライブラリ scikit-learn にある顔画像データセットから3人の顔画像を抜き出して使います。**図 4.8** は、3人の顔画像をシャッフルして並べたものです。それぞれの人について、表情が異なる画像が10枚あるので、全部で30枚になっています。

図 4.8　顔画像セット[3] から 3 人分を抜き出したもの

図 4.8 のそれぞれの画像のサイズは 64×64 ですが、そのままだと行列の次元が大きくなりすぎてしまうため、ここでは 32×32 にサイズを変更して使います。つまり、行列 V の行の数は $m = 32 \times 32 = 1024$ で、列の数は $n = 30$ です。各成分は、0 〜 1 の実数でグレースケールを表現しています。

行列 W の列の数および行列 H の行の数、すなわち基底ベクトルの数を $k = 6$ として NBMF を実行してみます。その結果、W のそれぞれの列は**図 4.9** のような画像になりました。それぞれがぼやけた顔画像のように見えますが、図 4.8 のどの画像とも完全に同じではないのがわかります。

図 4.9　行列 W の各列を表す画像

NBMF を実行すると、行列 W とともに行列 H も同時に得られます。H の成分は 0 または 1 なので、そのままの数値を見ても意味がわかりにくいです。かわりに、画像の復元の具合を見てみましょう。原画像を表す列ベクトルを V_i とし、それに対応する行列 H の列ベクトルを H_i とします。$V_i \approx WH_i$ となっているはずなので、V_i に対する復元画像は WH_i です。図 4.8 の 1 番目（左上）の画像を原画像として、復元画像と並べて表示したものが、**図 4.10** です。このときの H_i の成分は $[0,1,0,0,1,1]$ でした。つまり図 4.10 の復元画像は、図 4.9 の左から 2 番目、5 番目、6 番目の画像を組み合わせたものです。

---

[3]　The Olivetti faces dataset, AT&T Laboratories Cambridge。

図 4.10　原画像（左）と復元画像（右）

　注意すべき点は、同じデータを使い、同じパラメータで実行しても、毎回同じ結果が得られるとは限らないということです。なぜなら、イジングマシンが返す解（行列 H の成分）が毎回同じとは限らないからです。行列 H の成分に基づいて W が更新されるため、基底ベクトルも実行のたびに違う画像になります。

4.3 ブラックボックス最適化

これまでに扱った問題では、目的関数を定義してから最適化していました。しかし実際には、解きたい問題の目的関数の形がわからない場合もよくあります。そのような形のわからない目的関数、すなわち**ブラックボックス関数**を最適化する方法に、ブラックボックス最適化があります。

4.3.1 未知の目的関数の最適化

図 4.11 に示すように、入力データ x に対して何らかのルールで出力値 y を返す、ブラックボックスがあるとします。そのルールはブラックボックス関数 $y=B(x)$ で決まっていますが、関数の形はわかりません。この未知の関数 $B(x)$ を最適化することを考えましょう。

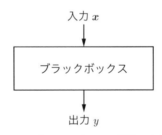

入力 x

ブラックボックス

出力 y

図 4.11　ブラックボックス関数の概念図

ブラックボックス最適化にはいろいろな方法がありますが、ここでは、**ベイズ最適化**とよばれる方法の一つを紹介します。ブラックボックス関数は中身がわからないので、直接最適化することができません。代わりに、簡単な形をした**代理関数**（獲得関数ともよばれる）でブラックボックス関数を近似して、それを最適化します。この代理関数をつくる際に、不確かさを考慮して確率過程（特にガウス過程）を用いる方法が、ベイズ最適化とよばれています。イジングマシンを利用する方法では、代理関数を QUBO 形式（二値

変数の2次多項式）で表します。解く問題の性質にもよりますが、代理関数の最適化にイジングマシン（またはシミュレーテッド・アニーリング）を用いるほうが、連続変数を用いる最適化手法よりもよい結果を得られるという報告があります[1]。

アルゴリズムのおおまかな流れは、次のようになります。

1. これまでに集めたデータによく合う代理関数 $H(x)$ をつくる。

2. 代理関数 $H(x)$ を最適化して、x を得る。

3. ブラックボックス関数から、新たなデータ $y = B(x)$ を得る。

この手順を繰り返して、ブラックボックス関数の最適解を見つけようというわけです。手順2で最適化する代理関数を、どのように設定するかがポイントです。

4.3.2 線形回帰による最適化

● 線形回帰

ここでは、代理関数をつくるために**線形回帰**による方法を使います。線形とは、1次関数のことを指します。データ $(x^{(d)}, y^{(d)})$（d はデータの番号）によく合うように、1次関数 $y = f(x)$ のパラメータ（係数）を調整するのが、線形回帰です。

ブラックボックス最適化で使う関数は多変数（$x = [x_1, \ldots, x_N]$）ですが、線形回帰のイメージをつかむために、まず1変数の例で説明します。**図 4.12** の点のように、データ $(x^{(d)}, y^{(d)})$ が与えられているとします。これらの点によく合うように、直線 $y = ax + b$ のパラメータ a, b を調整します。

---

* 1　A. S. Koshikawa, M, Ohzeki, T. Kadowaki, K. Tanaka, Benchmark Test of Black-box Optimization Using D-Wave Quantum Annealer, Journal of the Physical Society of Japan **90**, 064001 (2021).

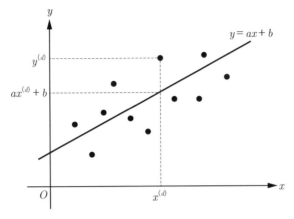

図 4.12　線形回帰

　パラメータの調整方法としてよく使われるのが、データ $(x^{(d)}, y^{(d)})$ とそれに対する予測値 $y = ax^{(d)} + b$ との差の 2 乗の和

$$\sum_d \left\{ y^{(d)} - \left(ax^{(d)} + b \right) \right\}^2 \tag{4.6}$$

を最小にする最小 2 乗法です。具体的な数値計算方法の説明は他の教科書などにゆずることにして、ここでは省略します[2]。

● 代理関数のつくりかた

　さて、代理関数の最適化にはイジングマシンを使います。そのため代理関数は、QUBO 形式すなわち二値変数の 2 次多項式で表します。しかし、線形回帰では、関数は 1 次多項式でなければなりません。そこで、代理関数で使う変数 x を、新たな変数に対応させます。N 個のデータがあるとき、代理関数の変数は $x = [x_1, ..., x_N]$ です。これに対して、新たな変数ベクトルを

$$X = [1,\, x_1, ...,\, x_N,\, x_1 x_2,\, x_1 x_3, ...,\, x_2 x_3,\, x_2 x_4, ...,\, x_{N-1} x_N] \tag{4.7}$$

---

[2]　簡潔に言うと、a と b それぞれに関する偏微分がゼロとなるように、a、b を求めます。なぜそれで式(4.6)を最小化する a、b が求まるのかという説明は、本書の目的からそれるので、数値解析などの教科書を参照してください。

と定義し、対応する係数ベクトルを次のように書きます。

$$a = [a_0,\ a_1, ...,\ a_N,\ a_{1,2},\ a_{1,3}, ..., a_{2,3},\ a_{2,4}, ...,\ a_{N-1,N}] \tag{4.8}$$

線形回帰で使う関数は、これら二つのベクトルの内積で表します。

$$y = a \cdot X = a_0 + a_1 x_1 + \cdots + a_N x_N + a_{1,2} x_1 x_2 + \cdots + a_{N-1,N} x_{N-1} x_N \tag{4.9}$$

これは、X の 1 次式であると同時に、x の 2 次式にもなっています。

代理関数の形は式 (4.9) に決まりましたので、次はその係数 a の与え方を考えましょう。そのために、代理関数から得られる予測値が実際のデータの値からどれだけずれているか（これを損失とよぶ）を表す、**損失関数**を次のように定義します[*3]。

$$L(a) = \sum_{d=1}^{D} \left(y^{(d)} - a \cdot X^{(d)} \right)^2 + \lambda a \cdot a \tag{4.10}$$

この式の値を最小化するような a を求めることが目的です。

式 (4.10) の右辺第 1 項は、式 (4.9) から得られる $X^{(d)}$ に対する予測値 $a \cdot X^{(d)}$ と、実際のデータ $y^{(d)}$ との差の 2 乗を、D 個のデータについて足しあげたものです。つまり、最小 2 乗法と同じです。

式 (4.10) の右辺第 2 項は正則化項とよばれ、**過学習**を防ぐ役割があります。λ はその効果の強さを表す正の実数です。過学習がおこると、関数が複雑になりすぎる可能性があります。関数をシンプルにするためには、式 (4.9) の項の数を減らせば、つまり不要な項の係数を 0 にすればよいはずです。式 (4.10) の右辺第 2 項は、各係数の 2 乗の和を λ 倍したものになっています。この項を小さく保つために、不要な係数を 0 にしたり、各係数の値を適度な大きさに抑えたりする効果があります。

式 (4.10) は a の 2 次関数です。ここで、（下に凸な）2 次関数の最小値は、平方完成をすれば求められることを思い出しましょう。1 変数の 2 次関数を平方完成すると、次式の形に書けます。

[*3] 式 (4.10) をコスト関数とよび、右辺第 2 項を除いたものを損失関数とよぶ場合もあります。

$$f(x) = \alpha(x - \beta)^2 + \gamma \tag{4.11}$$

グラフを描くと**図 4.13** のようになります。この関数でいう β に対応するものを、式(4.10)の場合に当てはめて求めていきます。

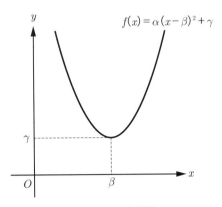

図 4.13　2 次関数

● 代理関数の係数を決める

この項目は、数式に慣れていないと難しいので、読み飛ばしても構いません。

まず式(4.10)を、ベクトルの成分を用いて書き直してみます。ここでは説明のために a の成分を a_i、$X^{(d)}$ の成分を $X_i^{(d)}$ と書くことにします。

$$L(\boldsymbol{a}) = \sum_d \left(y^{(d)} - \sum_i a_i X_i^{(d)} \right)^2 + \lambda \sum_i a_i^2 \tag{4.12}$$

これを展開してまとめると、次のように書けます。

$$L(\boldsymbol{a}) = \sum_{i,j} \left(\sum_d X_i^{(d)} X_j^{(d)} + \lambda \delta_{i,j} \right) a_i a_j - 2 \sum_i \left(\sum_d y^{(d)} X_i^{(d)} \right) a_i + \sum_d \left(y^{(d)} \right)^2 \tag{4.13}$$

ただし、$\delta_{i,j}$ は**クロネッカーのデルタ**（式(3.16)）という記号で、$i = j$ のとき $\delta_{i,j} = 1$、$i \neq j$ のとき $\delta_{i,j} = 0$ です。ここで、右辺第 1 項のカッコの中身を

$$V_{i,j} = \sum_d X_i^{(d)} X_j^{(d)} + \lambda \delta_{i,j} \tag{4.14}$$

と書くことにします。式(4.13)を平方完成すると、次式のようにまとめられます（導出の方法については、複雑なので付録に回します）。

$$L(\boldsymbol{a}) = \sum_{i,j} V_{i,j} \left\{ a_i - \sum_k U_{i,k} \left(\sum_d y^{(d)} X_k^{(d)} \right) \right\} \left\{ a_j - \sum_k U_{j,k} \left(\sum_d y^{(d)} X_k^{(d)} \right) \right\} + (\text{定数項}) \tag{4.15}$$

最後の定数項は、$\boldsymbol{a}$の成分を含まない項のことです。ただし、$U_{j,k}$は次の関係式を満たすものとします。

$$\sum_j V_{i,j} U_{j,k} = \delta_{i,k} \tag{4.16}$$

$V_{i,j}$を行列Vの成分、$U_{j,k}$を行列Uの成分を表すものとすると、UはVの逆行列です。

式(4.15)から、損失関数を最小にする$\boldsymbol{a}$の成分a_iは、次のように求まります。

$$a_i = \sum_k U_{i,k} \left(\sum_d y^{(d)} X_k^{(d)} \right) \tag{4.17}$$

ただし、これを代理関数の係数としてそのまま使うわけではありません。この値を平均とした**多変数ガウス分布**に基づく乱数を利用して、代理関数の係数を与えます。多変数ガウス分布の説明は、複雑になるので、付録に回します。ここでは、式(4.17)を中心に値をバラつかせると考えれば十分です。

多変数ガウス分布に基づく乱数を使うのは、式(4.17)の値の**不確かさ**を考慮するという意図があります。本節のはじめのほうで述べた「確率過程（特にガウス過程）を用いる」とは、この部分を指しているのです。値の不確かさは乱数によるバラつき具合に反映されますが、それは行列Vによって決まります。図4.13の単純な2次関数でいうと、頂点の膨らみ具合がαによって決まるのと同様です。

● 代理関数の QUBO 表現と全体のアルゴリズム

代理関数の係数が決まったら、次は代理関数を最適化します。イジングマシンで実行するために、式(4.9)をQUBO形式の見慣れた形に書き直しておきましょう。

$$H(\boldsymbol{x}) = \sum_{i=1}^{N} \sum_{j=i+1}^{N} J_{i,j} x_i x_j + \sum_{i=1}^{N} h_i x_i \tag{4.18}$$

定数項は、代理関数の最小化に影響しないので省きました。$J_{i,j}$とh_iはそれぞれ

$$J_{i,j} = a_{i,j}, \qquad h_j = a_j \tag{4.19}$$

と対応づいています。

イジングマシンで式(4.18)の最小化を実行したら、得られた解$\boldsymbol{x}$をブラックボックス関数に入力します。この入力$\boldsymbol{x}$とそれに対する出力yを、これまでのデータに追加して、代理関数の新たな係数を求めることになります。

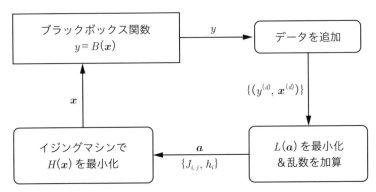

図 4.14　ブラックボックス最適化の流れ

ここで、ブラックボックス最適化のアルゴリズムをまとめておきましょう。全体の流れは、**図 4.14** のようになります。はじめはブラックボックス関数に適当な入力をして何点かデータを取っておきます。それから、損失関数$L(\boldsymbol{a})$を最小化する$\boldsymbol{a}$を求めて、不確かさを考慮するための乱数を加えるので

した。こうして得られた代理関数の係数aから、QUBO形式の$H(x)$を定めます。イジングマシンで$H(x)$を最小化して得られたxをブラックボックス関数に入力して、新たなデータを得ます。これを集めたデータに加えて、代理関数の新たな係数を求めます。このサイクルを繰り返すことで、ブラックボックス関数を最小化する近似解を求めます。

● 具体例

ブラックボックス関数として、$\cos\theta$を設定した場合[*4]を紹介します。本来、ブラックボックスは中身がわからないもので、明確に式で表せない場合もありえますが、ここでは説明のために単純な関数を設定します。$\cos\theta$の最小値は-1ですので、正解が得られたかどうかを簡単に判断できます。

イジングマシンで使う変数xは二値変数なので、θは2進法表現で表すことになります。ここで用いるブラックボックス関数は、次のように定義します。

$$B(x) = \cos\left(\sum_{i=1}^{N} 2^{i-1} x_i\right) \tag{4.20}$$

本来なら、θは実数を使って表すべきですが、今回は0から$2^N - 1$の整数を使いました。

図**4.15**は、変数の数を$N = 5$として実行してみた結果の例です。繰り返しの回数が進むと、最適化されていくのがわかります。8回繰り返したところで、$\cos\theta$の最小値である-1に到達しているように見えます。実際には、変数の数が少ないために誤差があるので、厳密に$y = -1$ではなく、それに非常に近い値となっています。

[*4] 厳密には$\cos\theta$の近似関数です。

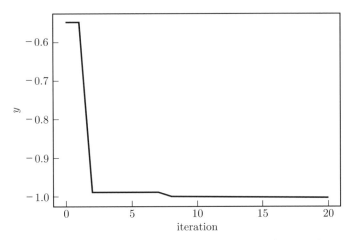

図 4.15　ブラックボックス最適化の様子。横軸は繰り返し回数。縦軸は、それまでに得られたデータyの最小値。

　ここでは初期データを3点準備したのですが、そのうちの最小値が、はじめのyの値になっています。ランダムにデータを発生させているので、はじめから-1に近い値が出てしまう場合もあります。逆に遠い値から始まる場合もあります。いずれにしても、繰り返しの回数が進むと、yの値が最適解に近づくように更新されていきます。

　今回の具体例は、非常に簡単な関数の最適化でした。このような簡単な問題に対しては、イジングマシンを使うのは手間がかかるため、むしろ不利です。中身のわからないもっと複雑な関数に適用するときには、イジングマシンを利用する価値があるでしょう。

ボルツマン機械学習

　機械学習の技術の一つに深層学習があります。深層学習は、画像認識、音声認識、言語処理など、さまざまな分野で応用されています。ボルツマン機械学習は、その深層学習の基盤をなす方法で、イジングマシンとは関係なく発展してきました。しかし、ボルツマン機械学習で使う模型、すなわち**ボルツマンマシン**を定義するエネルギー関数は、イジング模型のハミルトニアンと同じ形をしています。そのためイジングマシンによる計算が適用可能です。

　ここでは、エネルギー関数を次のように表すことにします。

$$E(\boldsymbol{x}, \theta) = -\sum_{i<j} w_{ij}\, x_i x_j - \sum_i b_i\, x_i \tag{4.21}$$

x_iはi番目の変数の状態で、0または1の値をとります（±1とする場合もあります）。パラメータw_{ij}は、i番目とj番目の変数の結合係数（重み）です。局所磁場に対応するパラメータb_iは「i番目の変数のバイアス」とよばれます。左辺のθは、w_{ij}とb_iをまとめて表したものです。

　ボルツマンマシンは、式(4.21)のエネルギー関数を用いて表される、次のような確率密度関数を計算します。

$$P(\boldsymbol{x} \mid \theta) = \frac{e^{-E(\boldsymbol{x}, \theta)}}{\sum_x e^{-E(\boldsymbol{x}, \theta)}} \tag{4.22}$$

この形の確率分布を**ボルツマン分布**とよびます。これが、ボルツマンマシンの名前の由来です。式(4.22)が表現しているのは、パラメータθが与えられたときの、$\boldsymbol{x}$の確率分布です。ボルツマン機械学習では、この確率分布$P(\boldsymbol{x} \mid \theta)$が、与えられたデータの分布に近づくように、パラメータθを調整していきます。

　パラメータ調整を行う手順の中に、式(4.22)による平均値の計算があります。厳密にその平均値を求めるには、変数$\boldsymbol{x}$のすべての組合せに関して和をとらなければなりません。変数の数をNとすれば、組合せの数は2^Nとなるため、変数の数が大きくなれば計算が困難になります。そのため、近似的に平均値を計算する方法として、**マルコフ連鎖モンテカルロ法**というサンプリング手法がよく用いられます。た

だし、これには多数回のサンプリング（すなわち変数 x のサンプルを多数個とること）が必要となり、時間がかかることから、効率的な計算はできません。

　一方、結合の構造に制約のある**制限ボルツマンマシン**では、効率的に平均値が計算できることが知られています。制限ボルツマンマシンは、**図4.16**のようにグラフの構造に制限があります。可視層の変数と隠れ層の変数の間には結合がありますが、それぞれの層の内部には結合がありません。この場合、コントラスティブ・ダイバージェンス（Contrastive Divergence）法という手法を使うと、効率的に計算できます[*1]。図4.16では隠れ層と可視層の2層しかありませんが、これに1層ずつ追加して学習していくこともできます。そうして多層に積み重ねる方法は、深層学習の手法の一つとなっています。

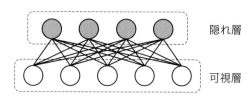

図4.16　制限ボルツマンマシン。丸は変数を表し、線は結合を表す。

　ところで、式(4.22)による平均値の計算については、まったく別の方法も提案されています。量子アニーリングマシンを使ってサンプリングする方法です。D-Wave（3.6.2項コラム参照）の量子アニーリングマシンで式(4.21)をハミルトニアンとして計算を実行したときに、得られた出力（解の候補）が式(4.22)の分布に近かったとする研究があります。この性質を利用すれば、得られた解の候補を使って平均値を計算する方法が可能になります。

　量子アニーリングマシンを利用したボルツマン機械学習は、サンプリングマシンとしての応用の可能性を示しています。イジングマシンの最適化以外の利用方法の代表例であり、機械学習への応用の拡がりが期待できます。

＊1　コントラスティブ・ダイバージェンス法の説明は、本書の範囲を超えるので省略します。制限ボルツマンマシンの一般的な解説などを参照してください。

NEXT STEP　本章では、機械学習にイジングマシンを利用する方法のうち、代表的なものをいくつか紹介しました。ここで紹介したもの以外にもさまざまな方法が提案されており、研究が進められています。イジングマシンを利用した計算方法については、ここでいったん終わります。次章では、ゲート型量子コンピュータの計算のしくみとアルゴリズムを紹介します。

ゲート型
量子コンピュータ

　1.1.1 項で紹介したゲート型量子コンピュータは、現状で使える実機はまだ小・中規模ですが、これからの飛躍的な発展が期待されています。これまで説明してきたイジングマシンとは、まったく異なる原理で計算を実行します。本章では、その計算のしくみと基本的な考え方を説明します。

Keyword
ブロッホ球 ⇒ 量子ビットの状態を図で表現する方法
X ゲート ⇒ 量子ビットを反転させる量子ゲート
アダマールゲート ⇒ z 軸を x 軸方向に 45°傾けた軸のまわりに 180°回転させる操作。重ね合わせ状態をつくるのによく使われる。
重ね合わせ状態 ⇒ 複数の状態が確定せずにいる中間的な状態
量子回路図 ⇒ 量子ビットに対する操作の一連の手順を示した図
制御 NOT（CNOT）ゲート ⇒ 制御ビットの状態に応じて標的ビットを反転させるゲート。エンタングル状態をつくるのによく使われる。
最大エンタングル状態 ⇒ （2 量子ビットの場合は）一方の量子ビットを測定すると、もう一方の量子ビットの状態が測定せずとも決まってしまうような状態
万能量子ゲート ⇒ 任意の演算ができる量子ゲートの組合せ
オラクル ⇒ 一つの入力に対して 0 または 1 の出力のみを返す装置
コヒーレンス時間 ⇒ 量子状態を保持できる時間
光子 ⇒ 光を粒子として考えるときの名称

5.1 ゲート型量子コンピュータの計算のしくみ

ゲート型量子コンピュータは、アニーリング型量子コンピュータとは異なり、量子ビットに量子ゲート操作を行うことで計算を実行します。ここでは、基本的な計算のしくみと計算手順を、説明していきます。

5.1.1 量子ビットを量子ゲートで操作する

● 量子ビットの表現

「ビット」は情報量の基本単位で、普通は0または1の2通りの値をもちます。量子ビットの場合は、0か1かだけではなく、それらの**重ね合わせ状態**とよばれる中間的な状態もとれます。ただし、重ね合わせ状態でいられるのは量子ビットの状態を測定する直前までです。測定すると、そのときの量子ビットの状態に応じて、ある確率で0または1のどちらかの状態に定まります（**図5.1**）。

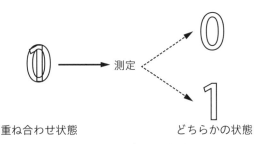

重ね合わせ状態　　　　　　　　　　　　どちらかの状態

図 5.1　量子ビットの状態

量子ビットの状態を表現するためには、ケットとよばれる記号 $|\ \rangle$ をよく使います[*1]。0の状態を $|0\rangle$、1の状態を $|1\rangle$ と書きます。量子ビットの任意の状態を $|\psi\rangle$ とすると、これは $|0\rangle$ と $|1\rangle$ の重ね合わせ状態であり、次の式

[*1] カッコを英語で bracket といいますが、その後半の ket からきています。ちなみに、前半にあたるブラ（bra）の記号は $\langle\ \ |$ です。

で表せます。

$$|\psi\rangle = \alpha|0\rangle + \beta|1\rangle \tag{5.1}$$

係数の α、β は複素数で、$|\alpha|^2$ は量子ビットが 0 の状態である確率、$|\beta|^2$ は 1 の状態である確率に対応します。確率はすべて足したら 1 になるので、$|\alpha|^2 + |\beta|^2 = 1$ です。つまり、式(5.1)の状態の量子ビットを測定すると、確率 $|\alpha|^2$ で 0 の状態を、確率 $|\beta|^2$ で 1 の状態を得られます。

　量子ビットの状態を図で表現する方法もあります。**図 5.2** に示した、**ブロッホ球**[*2] というものです。量子ビットの状態を、半径 1 の球面上の点に対応させて、原点からその点へ伸ばした矢印で表しています。ブロッホ球で表現することで、量子ビットの状態が視覚的にわかりやすくなります。図に示されている角度を対応づけるために、式(5.1)を次のように書き換えましょう。

$$|\psi\rangle = \cos\frac{\theta}{2}|0\rangle + e^{i\phi}\sin\frac{\theta}{2}|1\rangle \tag{5.2}$$

θ は z 軸からの角度です。$\theta = 0$（北極）が $|0\rangle$ に、$\theta = \pi$（南極）が $|1\rangle$ に対応します。ϕ は xy 平面内の x 軸からの角度で、次の公式（**オイラーの公式**）が知られています。

$$e^{i\phi} = \cos\phi + i\sin\phi \tag{5.3}$$

ここで、i は虚数単位（$i = \sqrt{-1}$）です。このようにブロッホ球で表現すると、このあと説明する量子ゲート操作の意味も、わかりやすくなります。

＊2　この名称は、物理学者の Felix Bloch（フェリックス ブロッホ）に由来します。

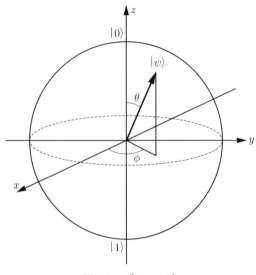

図5.2　ブロッホ球

　ところで、アニーリング型量子コンピュータでも量子ビットを使っているのに、その説明にブロッホ球はでてきませんでした。何が違うのでしょうか？　その答えは、計算のしくみの違いにあります。アニーリング型量子コンピュータでも、量子ビットの重ね合わせ状態を利用して計算していますが、計算途中の状態は自然に任せています。人間が操作するのは、量子ビット間の結合や量子ビットに加える磁場といった、量子ビットを取り巻く環境です。それに対して、ゲート型量子コンピュータでは、量子ビットの状態そのものを操作します。このため、ゲート型量子コンピュータによる計算では、量子ビットの状態を詳しく表現する必要があるのです。

●1量子ビットゲート

　一つの量子ビットに対して状態を変更する操作を行うための量子ゲートを、1量子ビットゲートといいます。1量子ビットゲートの操作は、ブロッホ球でいうところの、矢印の**回転**に対応します。

　よく使われる1量子ビットゲートの一つが、**Xゲート**です。これは、$|0\rangle$を$|1\rangle$に、$|1\rangle$を$|0\rangle$にする、つまり量子ビットを反転させる量子ゲートで

す。式で書くと次式のようになります。

$$X|0\rangle=|1\rangle, \qquad X|1\rangle=|0\rangle \tag{5.4}$$

Xゲートは、ブロッホ球の矢印をx軸のまわりに$180°$回転させる操作ともいえます。同様に、y軸およびz軸のまわりに$180°$回転させる操作は、それぞれYゲート、Zゲートといいます。

もう一つのよく使われる量子ゲートが、**アダマール (Hadamard) ゲート**[3]です。Hゲートともいいます。これは、z軸をx軸方向に$45°$傾けた軸のまわりに（つまりz軸とx軸の中間を軸として）、$180°(\pi)$回転させる操作です。式で書くと、次式のようになります。

$$H|0\rangle=\frac{|0\rangle+|1\rangle}{\sqrt{2}}=\cos\frac{\pi}{2}|0\rangle+e^{i0}\sin\frac{\pi}{2}|1\rangle \tag{5.5}$$

$$H|1\rangle=\frac{|0\rangle-|1\rangle}{\sqrt{2}}=\cos\frac{\pi}{2}|0\rangle+e^{i\pi}\sin\frac{\pi}{2}|1\rangle \tag{5.6}$$

これを図示したものが、**図5.3**です。$(|0\rangle+|1\rangle)/\sqrt{2}$は$x$軸の正の向きに、$(|0\rangle-|1\rangle)/\sqrt{2}$は$x$軸の負の向きに対応しています。

5

＊3　数学的にいうとアダマール変換を行うゲートで、その名称は数学者 Jacques Hadamard（ジャック　アダマール）に由来します。

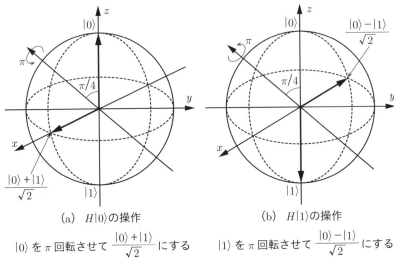

(a) $H|0\rangle$ の操作

$|0\rangle$ を π 回転させて $\dfrac{|0\rangle + |1\rangle}{\sqrt{2}}$ にする

(b) $H|1\rangle$ の操作

$|1\rangle$ を π 回転させて $\dfrac{|0\rangle - |1\rangle}{\sqrt{2}}$ にする

図5.3 Hゲートのはたらき

　式(5.5)が意味しているのは、$|0\rangle$の状態にHゲートを適用すると、$|0\rangle$と$|1\rangle$の**均等な重ね合わせ状態**ができるということです。同様に式(5.6)は、$|1\rangle$の状態にHゲートを適用しても、$|0\rangle$と$|1\rangle$の均等な重ね合わせ状態ができることを意味しています。Hゲートがよく使われるのは、そのためです。均等な重ね合わせ状態をつくる操作は、あとで説明する量子アルゴリズム(ゲート型量子コンピュータで計算を行うためのアルゴリズム。1.1.1項を参照)に必須のものなのです。

　ここで紹介した以外にも、位相ゲートやSゲート、Tゲートなど、名前の付いた1量子ビットゲートがいくつかあります。また、任意の回転操作を行う量子ゲートを定義することもできます。詳しく紹介するには線形代数の知識が必要になるので、ここでは省略します。

5.1.2　アルゴリズムを量子回路で表現する

● 量子回路
　量子アルゴリズムを表現するためには、量子ビットに対する操作の一連の

手順を示した**量子回路図**を使います。**図 5.4** では、量子ビットが二つの場合の量子回路図の例を示しています。横線の一つひとつが、一つの量子ビットに対応します。左端にはそれぞれの量子ビットの初期状態が書かれています。時間の流れの方向は、左から右です。1 量子ビットゲートは、四角の中に量子ゲートの記号を書いたもので表します。図 5.4 では、上から一つ目の量子ビットに H ゲートを作用させています。

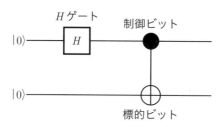

図 5.4　量子回路図の例

● 制御 NOT ゲートとエンタングル状態

　図 5.4 の量子回路図にはもう 1 組、黒丸と $\oplus$ の 2 種類の記号がつながれたものが使われています。これを**制御 NOT（CNOT）ゲート**といいます。最もよく使われる 2 量子ビットゲートの一つで、黒丸のほうを制御（control）ビット、$\oplus$ のほうを標的（target）ビットといいます。制御ビットが 1 の状態のとき、標的ビットの状態を反転させます。また、制御ビットが黒丸ではなく白丸の場合は、制御ビットが 0 の状態のときに標的ビットを反転させます。

　図 5.4 の量子回路による状態の変化を追ってみましょう。二つの量子ビットの状態を並べて書くことにすると、初期状態は $|0\rangle_1|0\rangle_2$ です。ここで、下付き添字は上から一つ目と二つ目の量子ビットの目印として書いています。まず H ゲートが一つ目の量子ビットに作用すると、式(5.5)により量子状態は

$$\frac{1}{\sqrt{2}}(|0\rangle_1+|1\rangle_1)|0\rangle_2=\frac{1}{\sqrt{2}}(|0\rangle_1|0\rangle_2+|1\rangle_1|0\rangle_2) \tag{5.7}$$

に変化します。次に、制御NOTゲートを作用させると、一つ目の量子ビットが$|1\rangle_1$の場合だけ二つ目の量子ビットが反転するので

$$\frac{1}{\sqrt{2}}(|0\rangle_1|0\rangle_2+|1\rangle_1|1\rangle_2) \tag{5.8}$$

となります。

　式(5.8)は、最大エンタングル状態（**EPR状態**[*4]、ベル状態ともいう）とよばれる状態です。「エンタングル」という言葉は、「絡み合い」や「もつれ合い」と訳すこともあります。エンタングル状態の正しい定義はおいておき、ここではその性質に注目しましょう。

　式(5.8)が意味しているのは、両方の量子ビットが0の状態である確率と、両方の量子ビットが1の状態である確率が同じ、すなわち1/2ずつの確率であるということです。それ以外の状態、たとえば一つ目は1の状態で二つ目は0の状態などになる確率はゼロです。つまり、一つ目の量子ビットが0の状態なら、二つ目の量子ビットも必ず0の状態、一つ目の量子ビットが1の状態なら、二つ目の量子ビットも必ず1の状態であるということです。

　この性質をうまく利用すると、量子アルゴリズムで所望の結果を得る確率を高めることができます。たとえば、二つの量子ビットが両方とも0の状態を得たいとします。まず、二つの量子ビットがエンタングル状態ではなく、それぞれが独立に0の状態と1の状態の均等な重ね合わせ状態にある場合を考えてみましょう。各量子ビットの測定結果が0の状態になる確率は1/2ずつなので、両方とも0の状態を得られる確率は、$1/2 \times 1/2 = 1/4$です。それに対して、式(5.8)の最大エンタングル状態を使うと、両方とも0の状態を1/2の確率で得られるのです。つまり、均等な重ね合わせ状態の場合の2倍の確率で、得たい状態を得られるわけです。

　最大エンタングル状態は、量子通信や量子誤り訂正を実現するうえでも重要です。もっと深く知りたい場合は、巻末に掲載した量子情報や量子計算の教科書を読むことをお勧めします。

[*4]　この状態を提唱した論文の著者 Einstein、Podolsky、Rosen にちなんだ名前です。ベル状態のベル（Bell）も人の名前です。

● 万能量子ゲート

　ゲート型量子コンピュータでは、いくつかの1量子ビットゲートと制御NOTゲートの組合せで、任意の演算ができます。そのような、任意の演算ができる量子ゲートの組合せを**万能量子ゲート**とよびます。万能量子ゲートは、一通りとは限らず、いくつもの組合せが考えられます。

　量子ゲートは、一つまたは二つの量子ビットに作用するものだけでなく、三つ以上の量子ビットに作用するものも定義できます。量子回路を考えるときには、たくさんの種類の量子ゲートを使えたほうが、便利なように思えます。しかし、実際の量子コンピュータは、可能な操作がデバイスによって異なり、その種類も限られていたりします。そのため、実際のデバイスでできない操作は、同等な演算ができるように、いくつかの量子ゲートを組み合わせたものに置き換える必要があります。このとき、そのデバイスに万能量子ゲートが備わっていれば、その操作が可能になります。

5.1.3　量子操作と測定を繰り返す

　量子アルゴリズムを実行した後に計算結果を得るためには、量子ビットの測定が必要です。それぞれの量子ビットは、測定すると0または1の状態に定まります。たとえば、図5.4の量子回路の最後に測定の操作を加えると、**図5.5**のようになります。測定まで実行すると、式(5.8)からわかるように量子ビットは、1/2ずつの確率で両方0の状態または両方1の状態となります。ただし、測定結果が確率的なため、1回の測定だけでは、理論通りの演算ができているかどうか判断できません。正しく実行されていることを確認するには、多数回実行して出現頻度を調べる必要があるでしょう。

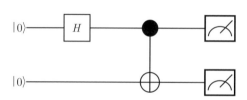

図5.5　量子操作のあと、最後に量子ビットを測定する。

　量子回路がノイズの影響を受けずに理想的に実行されたとしても、同じ量子回路を多数回実行することが求められる場合は、よくあります。たとえば、次のような場合です。

- 実現確率の高い状態が解となる設計のアルゴリズム
- 測定結果の出現頻度分布を利用するアルゴリズム
- アルゴリズムが想定通りに実行されたかどうか確認する場合

　現在の量子コンピュータでは、ノイズの影響を受けて、理論上は出現しないはずの状態が測定される場合もあります。そのため、いずれにしても多数回の実行が必要になります。

　理想的な場合でも何回も測定が必要という状況は、ここまでの説明では想像しにくいかもしれません。次節で具体的な量子アルゴリズムを紹介しますので、それまで頭の片隅にとどめておいてください。

コラム　　　ゲート型量子コンピュータを体験してみよう

　ゲート型量子コンピュータの開発は急速に進んでいて、海外を中心に数多くのクラウドサービスが提供されています。それぞれが、実機を動かすための開発環境（ソフトウェアなど）を独自に開発し、シミュレータも提供しています。シミュレータというのは、量子コンピュータによる計算を、古典コンピュータでシミュレーションするためのソフトウェアです。シミュレータの実行環境をクラウドサービスで提供している場合もあります。

　2022年現在、無料で実機を使えて日本語のドキュメントも充実しているものとしては、IBMの量子コンピュータが有名です。Qiskit[*1]というソフトウェアを自分のパソコンにインストールして使います。無料で使える実機の量子ビット数は少ないですが、気軽に体験するのには十分でしょう。

　自分のパソコンにインストールして使うタイプのシミュレータは、無料で使えるものがたくさんあります。たとえば、国内で開発されているQulacs[*2]というシミュレータは、日本語のチュートリアルや、関連する自習教材もしっかりしています。自分の興味にあうシミュレータを探して、使いながら学んでいくのもおすすめです。

＊1　Qiskitのドキュメント, https://qiskit.org/documentation/locale/ja__JP/
＊2　Qulacsのドキュメント, https://docs.qulacs.org/ja/latest/

5.2　量子アルゴリズム

　量子アルゴリズムには、量子コンピュータができる前から提案されている
ものもあります。ここでは、そのうちのいくつかを紹介します。量子回路の
詳細には立ち入らずに、計算のしくみのイメージをつかんでみましょう。近
年になって提案された、量子コンピュータと古典コンピュータを交互に使う
ハイブリッドアルゴリズムも、簡単に紹介します。

5.2.1　代表的な量子アルゴリズム

　まず、量子コンピュータができる前から提案されていた有名な量子アルゴ
リズムを紹介します。これらのアルゴリズムは、理想的な量子コンピュータ
での実行を想定しています。

● ドイチュ・ジョサのアルゴリズム

　ドイチュ・ジョサのアルゴリズムは、古典アルゴリズムよりも高速な量子
アルゴリズムのうち、最も早く発見されたものの一つで、ドイチュとジョサ
によって提案されました。問題設定として、**オラクル**とよばれるものを考え
ます。オラクルのことは、あるデータについて問い合わせをすると、何らか
の規則に基づいて 0 または 1 とだけ答えてくれる装置だと思ってください。

　ここで考えるオラクルには $f(x)$ という関数が実装され、x として n 桁の
ビット列（0 と 1 を並べたもの）を入力すると、$f(x)$ として 0 または 1 を返
すものとします。**図 5.6** のようなイメージです。ただし、$f(x)$ は**定値**または
均等だとします。定値の場合は、2^n 通りのすべての入力に対して、いつも 0、
またはいつも 1 を返します。均等の場合は、半数（2^{n-1} 通り）の入力に対し
て 0、もう半数の入力に対して 1 を返します。さて、オラクルに何回問い合
わせれば、その関数が定値か均等かを判断できるでしょうか？

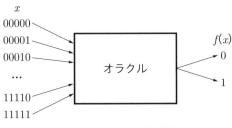

図 5.6　オラクルの概念図

　まず、古典アルゴリズムの場合を考えてみましょう。n 桁のビット列 x を入力として、一つずつ問い合わせていきます。関数が均等の場合は、運がよければ 2 回の問い合わせで判断できます。つまり、一つ目と二つ目で異なる値が返ってくれば、均等だとわかるわけです。しかし、最悪の場合は、$2^{n-1}+1$ 回の問い合わせが必要になります。均等の場合、偶然 2^{n-1} 回連続で同じ値が出る可能性があるからです。定値である（均等でない）ことを確実に示したい場合は、$2^{n-1}+1$ 回目も同じ値が出ることを確認しなくてはなりません。

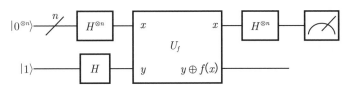

図 5.7　ドイチュ・ジョサのアルゴリズムの量子回路

　これに対して量子アルゴリズムでは、たった 1 回の問い合わせで、定値か均等かが判断できます。そのアルゴリズムを実行する量子回路が**図 5.7** です。はじめに、$|0\rangle$ の状態の量子ビットを n 個（それを $|0\rangle^{\otimes n}$ と表します）と、$|1\rangle$ の状態の補助量子ビットを用意します。$|0\rangle^{\otimes n}$ につながる線に斜線があって、その上に n と書いてあるのは、n 本分の線を省略しているという記号です。

　次に、2^n 通りのビット列の均等な重ね合わせ状態をつくります。これによって、すべてのビット列に関する問い合わせが、1 回でできてしまうのです。重ね合わせ状態をつくるためには、n 個の量子ビットそれぞれに H ゲー

トを作用させます。それを $H^{\otimes n}$ という記号で表しています。また、補助量子ビットにも H ゲートを作用させています。

　オラクルに対応するのが、すべての量子ビットにまたがる量子ゲート U_f です。x は n 桁のビット列、y と $f(x)$ の値は 0 または 1 です。$\oplus$ は 2 を法とする加算、すなわち、足して 2 で割った余りです。オラクルでの演算が終わったら、n 個の量子ビットに再び H ゲートを作用させます。

　最後に n 個の量子ビットを測定すると、$f(x)$ が定値か均等か判断できます。すべてのビットが 0 という状態が測定されたら定値で、それ以外の状態が測定されたら均等です。なぜこれでうまくいくのかなど、詳しい説明については付録に掲載しました。ここでは、量子アルゴリズムが古典アルゴリズムとはまったく異なるしくみで計算を実行するということがわかれば十分です。

　理論的には 1 回の測定で答えが確実にわかるので、古典アルゴリズムよりもずっと速いということになります。しかし、ノイズの影響が無視できない実機では、いつでも理想的な状態が測定されるとは限りません。そのため、何回か実行して、各状態の出現頻度分布から判断することになります。

● グローバーの量子探索アルゴリズム

　構造化されていないデータベースの中から、オラクルを使って、目的のデータを探し出す問題を考えます。ここでのオラクルは、入力データ x が正解（つまり目的のデータ）なら $f(x)=1$ を、違っていれば $f(x)=0$ を返すものとします。グローバーの量子探索アルゴリズムは、古典アルゴリズムよりも高速に正解データを見つけることができるアルゴリズムで、グローバーによって提案されました。

　古典アルゴリズムでは、データを一つずつオラクルに問い合わせることになります。N 個のデータの中に目的のデータが一つだけある場合は、最悪の場合 $N-1$ 回問い合わせなければなりません。これに対して、グローバーによって提案された量子探索アルゴリズムでは、約 $\sqrt{N}$ 回の問い合わせですみます。

　ドイチュ・ジョサのアルゴリズムと同様に、グローバーの量子探索アルゴリズムでも、はじめに均等な重ね合わせ状態をつくるのがポイントです。n

量子ビットの均等な重ね合わせ状態を準備すると、1回で$N=2^n$個のすべてのデータに関する問い合わせができるからです。しかし、答えが確実にわかるドイチュ・ジョサのアルゴリズムとは異なり、オラクルへの問い合わせの直後に測定をしても、正解が得られる確率は$1/N$です。

そこで、正解を得る確率を高めるために、**確率振幅の増幅**という操作を行います。確率振幅は、重ね合わせ状態を数式で書いたときの係数です。2量子ビットの例でいうと、式(5.8)の$|0\rangle_1|0\rangle_2$および$|1\rangle_1|1\rangle_2$の状態の確率振幅はどちらも$1/\sqrt{2}$です。

グローバーの量子探索アルゴリズムでは、オラクルへの問い合わせと確率振幅の増幅を交互に繰り返すことにより、正解を得る確率を操作することができます。この操作により正解を得る確率が大きくなったところで、測定をします。ただし、正解を得られる確率は、理論的に必ずしも100％にはなりません。そのため、量子回路を複数回実行して、測定された状態の出現頻度から解を判断することになります。

アルゴリズムの流れを簡単に書くと、次のようにまとめられます。

1. すべての状態の均等な重ね合わせ状態をつくる。

2. オラクルの操作を実行する。

3. 確率振幅の増幅操作を実行する。

4. 手順2と3を何回か繰り返す。

5. 測定する。

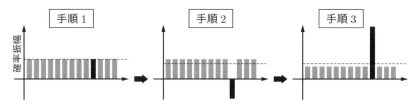

図5.8　グローバーのアルゴリズムによる確率振幅の変化

　少しイメージしやすいように、はじめの三つの手順で何が起きているかを**図 5.8** に模式的に示しました。一つひとつの棒が、それぞれのデータを表す量子状態に対応します。ここでは、正解のデータを黒色で、それ以外を灰色で表しています。確率振幅の絶対値の 2 乗が、その量子状態の実現確率になります。図 5.8 では、確率振幅の平均値を破線で表しています。手順 1 では均等な重ね合わせ状態をつくったので、確率振幅はすべて平均値となっています。

　手順 2 のオラクルの操作は、正解データの確率振幅を反転させる操作です。データ x の量子状態を $|x\rangle$ とすると、この操作で次式のように変化します。

$$|x\rangle \rightarrow (-1)^{f(x)}|x\rangle = \begin{cases} -|x\rangle, & (x \text{ が正解}) \\ |x\rangle, & (\text{それ以外}) \end{cases} \tag{5.9}$$

つまり、正解データの確率振幅だけ符号が反転するのです。これによって、確率振幅の平均値は、操作前より少し小さくなります。

　手順 3 の操作では、正解データの確率振幅だけが増幅されます。逆にそれ以外のデータの振幅は小さくなります。この操作では、すべてのデータの確率振幅を、手順 2 の後の平均値（図 5.8 中央の図の破線）を中心に反転させます。そのため、正解データの振幅は元の大きさの約 3 倍になり、それ以外のデータの振幅は平均よりも少し小さくなります。

　手順 2 と手順 3 を繰り返すことで、正解データの確率振幅を増幅し、振幅が十分大きくなったところで測定します。繰り返しの回数は、N 個のデータ中、正解データが 1 個の場合は約 $\sqrt{N}$ 回、M 個の場合は約 $\sqrt{N/M}$ 回で十分だということが知られています。回数が多すぎると、逆に確率振幅が減衰してしまうので注意が必要です。

　ここでは、グローバーのアルゴリズムの概要を説明しました。解を得るために確率振幅を増幅するというイメージがつかめれば、十分です。アルゴリズムについて、もう少し詳しく知るためには、付録を参照してください。

● ショアの素因数分解アルゴリズム

　現在広く使われているRSA暗号[1]は、ゲート型量子コンピュータが実用的な規模で実現されると、簡単に解かれてしまうといわれています。その根拠に、ショアの素因数分解アルゴリズムがあります。桁の大きな二つの素数の積を計算するのは簡単ですが、逆にその数を因数分解して元の素数を求めるのは困難です。そのような桁の大きな数の素因数分解は、古典アルゴリズムでは現実的な時間では解けない問題です。RSA暗号は、その事実を利用しています。しかし、ショアが提案した量子アルゴリズムを使うと、素因数分解が高速にできてしまうのです。

　大きな素数p、qの積$N=pq$を素因数分解することを考えましょう。ショアのアルゴリズムの流れは、次のようになります。

1. $2 \sim N-1$ の中から整数一つを選び、xとする。

2. Nとxの最大公約数を求める（ユークリッドの互除法[2]を使うと簡単に求まる）。最大公約数が1以外であれば、その値が素因数なので終了する。最大公約数が1なら、次の手順に進む。

3. 次の式を満たす最小の正の整数rを見つける。

$$x^r = 1 \pmod{N} \tag{5.10}$$

　右辺は、Nで割った余りが1という意味。左辺のrは**位数**とよばれる。

4. rが奇数なら手順1に戻る。rが偶数なら、式(5.10)より

$$x^r - 1 = (x^{r/2}+1)(x^{r/2}-1) = 0 \pmod{N} \tag{5.11}$$

とできるため、$(x^{r/2}+1)$ と $(x^{r/2}-1)$ が素因数の候補となる。

5. $(x^{r/2}+1)$ と $(x^{r/2}-1)$ がNの因数でなかったら、手順1に戻る。

---

[1]　公開鍵暗号の一つで、公開鍵を使って暗号化し、秘密鍵を使って復号します。RSA暗号の技術は、インターネットでも応用されています。
[2]　二つの自然数の最大公約数を求める方法です。割り算をして余りを求めるという単純な演算を繰り返すだけで最大公約数が求まります。

この流れの中の手順 3 が、量子コンピュータで実行する部分です。式 (5.10) の r を求める問題は**離散対数問題**[*3] とよばれていて、古典コンピュータでは効率的に解く方法がありません。量子コンピュータで素因数分解が高速にできるというのは、この問題を高速に解けるからなのです。

表 5.1　$N = 15$ のときの $x^i \pmod{N}$。$x = 2, 4, 7$ の場合。

i	0	1	2	3	4	5	6	7	8	9	10	11	12	13	14
$2^i \pmod{15}$	1	2	4	8	1	2	4	8	1	2	4	8	1	2	4
$4^i \pmod{15}$	1	4	1	4	1	4	1	4	1	4	1	4	1	4	1
$7^i \pmod{15}$	1	7	4	13	1	7	4	13	1	7	4	13	1	7	4

　位数 r とは何かをイメージするために、$N = 15$ の場合を考えてみましょう。$i = 0, 1, 2, \ldots, N-1$ について、x^i を $N = 15$ として割った余りを計算してみます。$x = 2, 4, 7$ の場合を**表 5.1** に示しています。x^i は、$i = 0$ のとき必ず 1 です。その後、はじめて 1 となるときの i が位数 r です。$x = 2, 7$ のときは $r = 4$、$x = 4$ のときは $r = 2$ であることがわかります。

　ここで、表 5.1 の数字の並び方に注目してみましょう。$x = 2$ のときは、値が 1、2、4、8 の繰り返し、$x = 4$ のときは 1、4 の繰り返し、$x = 7$ のときは 1、7、4、13 の繰り返しになっています。すなわち位数 r は、この繰り返しの周期を表しているのです。

　この**周期性**がポイントです。ショアのアルゴリズムでは、目的の周期に対応する状態の確率振幅を増幅するような量子回路を使います。この量子回路による測定結果は確率的なので、グローバーのアルゴリズムと同様に、同じ量子回路を何回も実行する必要があります。位数 r を求めるには、その後さらに古典コンピュータで軽い処理を行います。詳細な説明は、本書の範囲を超えるので省略します。もっと詳しく知りたい場合は、量子アルゴリズムに関する教科書やウェブサイトを参照してください。

　ここでは説明を省略したショアのアルゴリズムの量子回路は、実はだいぶ複雑です。暗号を解読するとなると、誤り訂正のできる大規模な量子コン

[*3]　整数のべき乗を素数で割った余りを求める計算を用いる問題。

ピュータが必要になります。そのため、現在の量子コンピュータでの暗号解読は不可能なのです。

5.2.2　量子・古典ハイブリッドアルゴリズム

　グローバーのアルゴリズムやショアのアルゴリズムは、現在の量子コンピュータでは、実用的な規模で実行することができません。そのため、現在はNISQデバイス（ノイズの影響を受け、誤り訂正のできない、中規模な量子デバイス）を活用するための、量子・古典ハイブリッドアルゴリズムの研究が盛んです。量子コンピュータと古典コンピュータを組み合わせて計算を行うアルゴリズムをいくつか紹介します。

● 変分量子固有値法

　変分量子固有値法（Variational Quantum Eigensolver, VQE）は、量子力学に基づく計算によって分子の化学的な反応や性質を明らかにする**量子化学計算**に応用できます。たとえば、分子の性質を知りたいというときは、まずそのエネルギーを表現するハミルトニアンを考えます。ここで扱うハミルトニアンは、イジングマシンで問題を解く際に使ったQUBO形式のものとは異なり、行列の形式で表されます。ハミルトニアンの行列の固有値がエネルギーに、固有ベクトルが分子(の中の電子)の状態に対応します[*4]。VQEは、分子の性質を決めるのに重要な**基底状態**（エネルギー最小の状態）と、そのエネルギーを求めるのに利用できます。

[*4]　行列の固有値や固有ベクトルについては、付録を参照してください。

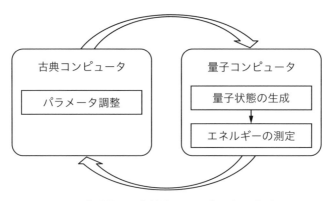

図 5.9　変分量子固有値法のアルゴリズムの概念図

　はじめに、ハミルトニアンを用意して、パラメータを含んだ基底状態の形を仮定しておきます。そして、次の手順を繰り返します。(**図 5.9** に示したようなイメージです。)

1. パラメータの値を設定して、量子コンピュータで量子状態をつくり、その状態に関してエネルギーを測定する。
2. 古典コンピュータで、その測定結果をもとにしてパラメータを調整する。

　手順 2 では、エネルギーが低くなるようにパラメータを調整します。繰り返していくうちに、エネルギーが最小値に近づいていきます。エネルギーが最小値になると、それ以上は値が変化しなくなるので、そこで終了します。

● 量子近似最適化アルゴリズム

　量子近似最適化アルゴリズム (Quantum Approximate Optimization Algorithm, QAOA) は、**組合せ最適化問題**の解を求めるためのアルゴリズムです。組合せ最適化問題を解くという目的は、量子アニーリングと同じです。実際に、目的関数を表現するハミルトニアンは、量子アニーリングで用いたものが利用できます。

　量子アニーリングと違うところは、計算のしくみとアルゴリズムです。

QAOAではゲート型量子コンピュータと古典コンピュータを交互に使います。アルゴリズムの流れは、VQEとほぼ同じです。

1. パラメータの値を設定して、量子コンピュータで量子状態をつくり、その状態に関して目的関数を測定する。

2. 古典コンピュータで、その測定結果をもとにしてパラメータを調整する。

手順1で量子状態をつくる部分は、量子アニーリングの時間発展に対応していると考えてもよいです。つまり、古典コンピュータでのパラメータ調整は、量子アニーリングでいうところの、量子ゆらぎの時間変化を調整することに対応しているといえます。

実は、量子状態をつくる部分の量子回路では、量子ビットの何倍あるいは何十倍もの数の量子ゲートが必要になる場合があります。それを考慮すると、大規模な問題を解く場合は、QAOAよりもイジングマシンを使うほうが、効率よく計算できると考えられます。

5

5.3　量子ビットと操作の方式

　量子ビットを実現する方式は、1.1 節でも軽くふれたように、さまざまな
タイプがあります。ここでは、現在商用化まで進んでいる方式を中心に紹介
します。

5.3.1　超伝導回路

　超伝導とは、物質を絶対零度近くまで冷却することで、物質の電気抵抗が
ゼロになる現象です。超伝導回路による量子ビットにはいくつか種類があり
ますが、基板上に超伝導回路を製作して、それを冷却することによって量子
ビットを形成します。ゲート型量子コンピュータでは、二つの異なるエネル
ギー状態を用いて量子ビットを実現するタイプが、多く開発されています。

　量子力学の世界では、古典力学（日常の世界）とは違って、エネルギーが
飛び飛びの値をとります。最も低いエネルギー状態を**基底状態**とよび、それ
以外の状態を**励起状態**とよびます。量子ビットの状態は、基底状態と励起状
態（の一つ）をそれぞれ、$|0\rangle$ と $|1\rangle$ とします。量子ゲート操作は、電磁波
（マイクロ波）を照射して行います。電磁波の振動数や照射する時間によっ
て、実現される操作が異なります。つまり、電磁波の振動数や照射時間を制
御することで、量子ゲートの操作を行うのです。

　超伝導回路は、他の方式に比べてゲート操作が速いという利点がありま
す。一方で、量子ビット間の結合を全結合にすることが難しいといった欠点
もあります。

　超伝導回路は、1.1 節でもふれたように、現在最も開発が進んでいる方式
です。大学などの研究機関だけでなく、GoogleやIBMといった世界的企業
でも、この方式を採用した量子コンピュータの開発が進められています。

5.3.2 イオントラップ

イオントラップは、捕捉したイオン（電荷を帯びた原子）の基底状態と励起状態を用いて量子ビットを実現する方式です。イオントラップ方式の量子コンピュータでは、カルシウムイオン（Ca$^+$）やイッテルビウムイオン（Yb$^+$）が使われています。**レーザー冷却**という手法でイオンの運動エネルギーを奪って冷却し、RF（Radio Frequency）電場と静電場によって、真空中に閉じ込めます。イオンは冷却されている状態ですが、デバイスとしては常温で動作します。量子ゲート操作は、レーザー光やマイクロ波などで行います。

イオントラップでは、量子ビットの全結合をつくることが可能です。また、超伝導回路よりも、**コヒーレンス時間**（量子状態を保持できる時間）が6桁ほども長く、ゲート操作の精度も高いのが特長です。一方で、ゲート操作の速度は超伝導回路と比べて3桁ほど遅いという短所もあります。

イオントラップによる量子コンピュータは、大学などの研究機関で研究されているほか、IonQやHoneywellなどの海外企業でも開発が進められています。

5.3.3 光パルス

光は、電磁波であり、進行方向と垂直な方向に振動するという**横波**の性質をもっています。また、同時に粒子の性質ももっています。特に粒子の性質に注目するときに、**光子**とよびます。光パルス方式は、光子の二つの異なる状態を用いて量子ビットを実現する方式です。光子（光パルス）による量子コンピュータにはいくつかのタイプがありますが、量子ビットとして**偏光**を使うタイプがあります。偏光は、振動の方向が規則的な光で、直線偏光や円偏光といった種類があります。直線偏光なら縦方向と横方向（**図5.10**）、円偏光なら右回りと左回りを、$|\,0\,\rangle$と$|\,1\,\rangle$に対応させます。ゲート操作には、光の干渉を利用します。

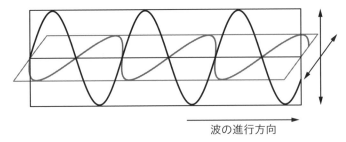

波の進行方向

図 5.10　直線偏光

　光パルスによる量子コンピュータは、常温で動作し、多数の量子ビットを扱えるうえに、高速な計算が可能です。一方で、光パルスどうしの操作が困難なことや、光子の損失[*1] の問題などの課題があります。

　光子による量子コンピュータは、国内では大学などの研究機関での研究が盛んですが、海外では Xanadu などの企業も研究開発を進めています。ただし、光子は、別の方式の量子コンピュータの操作に利用されていたり、量子通信など他の量子技術にも使われていたりします。その意味では、光子を利用した量子技術は、量子コンピュータ開発が盛んになる以前から、大学等の研究機関でも企業でも、世界中で研究開発が進められてきたといえます。

[*1]　さまざまな要因で光子が散乱されるなどして、失われてしまいます。

その他の方式

　ゲート型量子コンピュータは、上で取りあげた以外にもさまざまな方式が開発中です。ここでは、それらを簡単に紹介します。

冷却原子

　電荷をもたない中性原子をレーザー冷却などの手法で冷却する方式や、リュードベリ原子という特別な状態の原子を利用する方式があります。特に、リュードベリ原子は、原子どうしが長距離の相互作用をすることや、光ピンセットという技術で原子間の距離や並べ方を個別に操作できることから、注目を集めています。

量子ドット

　シリコン（Si）などの基板の上に微細な構造を作製して、そこに電子を閉じ込めます。これまでに培われた半導体技術を応用できるというメリットがあります。日本の研究グループによる開発が活発で、将来的には大規模化も可能と期待されています。

核磁気共鳴

　核スピンを量子ビットとして使い、核磁気共鳴（Nuclear Magnetic Resonance, NMR）技術で操作します。核スピンのコヒーレンス時間は、イオントラップと同程度に長いという利点があります。溶液中の分子の核スピンを使うタイプでは、量子ビットを集団として操作します。

ダイヤモンドNV中心

　ダイヤモンドは炭素原子からできた結晶ですが、一つの炭素原子を窒素原子（N）に置換すると、その隣に空孔（vacancy）ができます。これをNV中心とよび、その周りの電子や核スピンを量子ビットとして使います。室温でも、コヒーレンス時間が長いのが特長です。

NEXT
STEP　本章では、ゲート型量子コンピュータの計算のしくみや量子アルゴリズムの基本的な考え方を説明しました。説明を簡単にするために詳細を省略した部分もありますが、アニーリング型量子コンピュータとの違いは伝わったと思います。次章では、量子コンピューティングの最近の展開を紹介し、今後を展望します。

6

量子コンピューティング
の今後

　量子コンピューティング技術は現在、驚異的なスピードで発展し続け
ています。ここでは、イジングマシンとゲート型量子コンピュータの最
近数年間の展開を紹介し、今後の展望を考えてみます。

Keyword
誤り耐性量子コンピュータ ⇒ 誤り訂正を自動的に行う量子コンピュータ。汎用的な計算のできる量子コンピュータの本命
NISQ デバイス ⇒ ノイズの影響を受け、誤り訂正のできない中規模な量子デバイス
アクセラレータ ⇒ 特定の処理だけを行う専用のデバイスで、全体としての処理を高速化する目的で使われる

6.1 イジングマシンの進化

イジングマシンは、ゲート型量子コンピュータに先行して実用的な問題を解く段階に進んできました。最近のイジングマシンの進展状況をみておきましょう。

6.1.1 大型化と高速化

D-Waveのアニーリング型量子コンピュータが 2011 年に登場して以来、さまざまなタイプのイジングマシンが開発されてきました。物理ビット数が数年で 2 倍以上になるなど、開発のスピードも急速です。特に疑似量子コンピュータでは、2022 年現在、100 万変数を扱えるマシンも登場しています[*1]。また、各種マシンのアップデートに伴い、高速化も進んでいます。

今後もイジングマシンの大型化は進むと予想されます。実用的な問題を解く場合は、より多くの変数が必要となるからです。今後イジングマシンの普及が進み、実用例も増えてくると、もっと大規模な問題を解きたいという需要も出てくるでしょう。しかし、問題の規模が大きくなれば、イジングマシンに転送するデータも大きくなります。計算にかかる時間は短くても、データ転送に時間がかかれば、結局は問題を解くためにかかる時間が長くなってしまいます。このような大規模な問題に対応するための課題を克服したイジングマシンの開発が、期待されます。

6.1.2 機能強化と利便性の向上

● 数式変形の自動化

イジングマシンが登場したばかりの頃は、定式化のあと、目的関数を 2 次多項式に変形する手順を、手動で行う必要がありました。またマシンによっ

[*1] 例えば、100 万以上の変数を扱える CMOS アニーリングマシンの動作が実証されています（https://annealing-cloud.com/ja/about/transition.html）。

ては、2.4 節でふれた**埋め込み**（論理ビットを物理ビットに対応させる作業）
も、ユーザ自身で行わなければならない時代がありました。

　近年では、埋め込みの自動化だけでなく、目的関数の自動変換や、定式化
を支援するツールも充実してきました。たとえば、制約条件を直感的な形式
で書けば、それを 2 次多項式に自動的に変換してくれます。さらに、得られ
た解がその制約条件を満たしているかどうかをチェックする機能もありま
す。不等式制約に関しても、直感的な形式で与えるだけで、必要な補助変数
を自動的に付け加えて二値変数の 2 次多項式に変換するなど、便利なツール
が増えています[*2]。

　第 3 章では、さまざまな問題の定式化を説明しましたが、そこでは数式と
して理解しやすい形で表現していました。イジングマシンで実行する際には
2 次多項式の形にする必要があるわけですが、それを自動化することで手間
を省けます。また、手動で式変形する場合に起こり得る計算ミスも防げます。
はじめは簡単な問題を自分で式変形して理解を深めることをお勧めします
が、慣れてきたら便利なツールを利用して効率的にプログラミングするのも
よいでしょう。

● パラメータ調整の自動化

　制約のある組合せ最適化問題を定式化する場合には、制約の強さを表すパ
ラメータが必要です。制約を満たし、よりよい近似解を得るためには、この
パラメータの調整が重要になります。しかし、手作業で調整するのは手間が
かかりますし、パラメータの数が多いほど調整は難しくなります。

　近年では、パラメータを自動調整する機能を提供するサービスが登場して
います。イジングマシンを搭載したサーバに問題を送ると、イジングマシン
で得られた解をもとに従来型コンピュータでパラメータを調節して、再びイ
ジングマシンで実行するといったサイクルを繰り返して、よい近似解を返し
てくれるというものです。

　パラメータの自動調整は、パラメータ調整のノウハウがなくてもよい近似
解が得られる便利な機能です。ただし、問題によっては手動で調整したほう

[*2] 　たとえば、第 3 章の最後のコラムで紹介した Fixstars Amplify や OpenJij には、このような
ツールが含まれています。

が、よりよい解を得られたり、効率的にパラメータを調整できたりするかもしれません。自動調整の機能が使える場合でも、実際に使うかどうかは、解くべき問題や目的に応じて判断する必要がありそうです。

● 従来型コンピュータとの併用

　先ほども述べたように、パラメータ調整には従来型コンピュータが必要です。パラメータの自動調整は、イジングマシンと従来型コンピュータを併用する典型的な例です。第4章で紹介した、イジングマシンを用いる機械学習も、イジングマシンと従来型コンピュータを併用します。

　イジングマシンと従来型コンピュータを交互に使う手法では、両者の間で何回も通信することになるので、その**通信時間**が問題となります。クラウド上のイジングマシンを使う場合は、手元のパソコンとイジングマシンとの間で、インターネットを介して何往復も通信するわけです。これは、あまり効率的とはいえません。そこで近年では、イジングマシンと従来型コンピュータを合わせて一つのシステムとして提供するクラウドサービスが登場しています。**図6.1**のようなイメージです。今後もこうした使い方が広がっていくと期待されます。

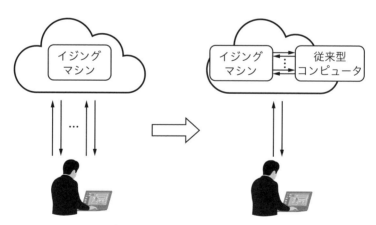

図6.1　イジングマシンと従来型コンピュータとの併用

6.2 ゲート型量子コンピュータの発展

ゲート型量子コンピュータの研究開発は、世界中で急速に進んでいます。その現状と今後の展望をみてみましょう。

6.2.1 開発の中心はゲート型量子コンピュータへ

量子コンピュータの本命は、汎用的な計算のできる**誤り耐性量子コンピュータ**です。理論的には、誤り耐性量子コンピュータをアニーリング型量子コンピュータで実現することも不可能ではありませんが、ゲート型量子コンピュータで実現する研究のほうが盛んに研究されています。その意味で、量子コンピューティングの研究開発の中心は、ゲート型量子コンピュータへと移っていくものと予想されます。

第5章で紹介しましたが、ゲート型量子コンピュータでは、量子ビットを実現する方式にさまざまなタイプがあります。それぞれの方式に、長所もあれば短所もあり、どの方式が将来的に有望なのかは誰もわからないのが現状です。そのため、それぞれの方式が並び立つような状況で、研究開発が進められています。

今後、量子ビット数が増えていくことは確実で、量子ビットの質やゲート操作の精度も改善されていくはずです。しかし、誤り耐性量子コンピュータの実用化までには、数十年程度かかるものと見込まれます。今後しばらくは**NISQデバイス**（ノイズの影響を受け、誤り訂正のできない中規模な量子デバイス）の時代が続くでしょう。NISQデバイスを活用したアルゴリズムの開発や、応用先の開拓が期待されます。

6.2.2 アルゴリズムの進歩

NISQデバイスを活用するためには、5.2.2項で紹介したように、**量子・古典ハイブリッドアルゴリズム**の開発が重要です。ハイブリッドアルゴリズム

では、量子コンピュータが得意な計算、あるいは量子性を利用する計算の部分を量子コンピュータで実行します。ノイズの影響はありますが、もともとそれを考慮に入れていることと、古典コンピュータによる計算の部分で調整されることもあり、有用なアルゴリズムとなっています。

　組合せ最適化問題を解くアルゴリズムに関しては、イジングマシンでの定式化の考え方が転用できます。量子ビットは測定をすると 0 または 1 の状態に決まるため、二値変数を使った定式化が使いやすいのです。イジングマシンではすでに組合せ最適化問題の実例が豊富にあるため、目的関数をつくるときの参考にできます。

　将来的に誤り耐性量子コンピュータが実現することを見越して、理想的な実行環境を想定したアルゴリズムの開発も進んでいます。現在はシミュレータでしか実行できないものも多いですが、誤り耐性量子コンピュータが実現すれば、非常に効率的な計算が実行できると期待できます。

6.3 量子コンピューティングへの期待

量子コンピューティングへの期待を込めて、イジングマシンとゲート型量子コンピュータに共通する展望をまとめておきます。

6.3.1 アクセラレータとしての量子コンピューティング技術

通常のコンピュータはCPU（Central Processing Unit）で処理を実行しますが、特定の処理だけを専用デバイスに処理させることで、全体として高速な処理を行う方法があります。処理を加速するという意味で、その専用デバイスを**アクセラレータ**とよびます。代表的なアクセラレータにGPU（Graphics Processing Unit）があります。

すでに述べたように、イジングマシンにもゲート型量子コンピュータにも、従来型コンピュータと併用した使い方があります。これは、量子コンピューティング技術をアクセラレータとして利用する使い方です。今後のNISQデバイスの時代では、そうした使い方が主流になると予想されます。

誤り耐性量子コンピュータが実現しても、従来型コンピュータは必要です。従来型コンピュータのほうが速く処理できる演算も多くあるからです。量子コンピューティングで効率的に処理できる部分は、今後も拡大すると見込まれます。それでも、従来型コンピュータが量子コンピュータに完全に置き換わるようなことは起こらないでしょう。量子コンピューティング技術と従来のコンピューティング技術をうまく併用することが、高速化のカギを握ると考えられます。

6.3.2 今後の発展への期待

近年、世界中で**量子技術**への関心が高まっています。欧米をはじめ中国や

インド[*1] などでも巨額の資金を投じた研究開発が加速しています。量子技術には、量子コンピューティングだけでなく、量子情報通信や量子暗号なども含まれます。その中でも量子コンピューティングは、ソフトウェアやアプリケーションの開発が進んでいるため、初心者でも比較的学びやすい分野です。たとえば、量子コンピューティングのプログラミング・コンテストのようなイベントには、研究者や量子コンピューティングを専門的に学んでいる学生だけでなく、高校生や社会人までもが世界中から参加することも珍しくありません。

　日本でも、国を挙げた研究開発が始まっています。2020 年に量子技術イノベーション戦略[*2] が、2022 年には量子未来社会ビジョン[*3] が策定されました。そして 2023 年 3 月には、理化学研究所を中心とする研究グループが国産量子コンピュータ初号機を公開し、クラウドサービスを開始しました。

　いくつもの大学に量子コンピューティング関連の研究所や研究センターが発足しているほか、大手企業からスタートアップ企業まで多様な企業が、量子コンピューティングを含む量子技術の分野に続々と参入しています。また、理化学研究所だけでなく産業技術総合研究所を拠点とした国産の量子コンピュータの開発も進展しています。こうした動きから、今後の発展が期待されます。

　近い将来、誤り耐性量子コンピュータが実用化されて、各家庭に普及するということは考えにくいと思います。それよりも、わたしたちが普段意識していないところで量子コンピューティングが活用され、従来型コンピュータがしていた計算を高速に処理するようになるでしょう。つまり、いつの間にか、身近なところで量子コンピューティングが活躍しているのです。そんな未来が、もうすぐそこまで来ています。

＊1　日本貿易振興機構，ビジネス短信「インド政府、量子技術への大規模投資を発表」, https://www.jetro.go.jp/biznews/2020/02/a2fe61a5e0c09aeb.html

＊2　内閣府統合イノベーション戦略推進会議，「量子技術イノベーション戦略（最終報告）」, https://www8.cao.go.jp/cstp/tougosenryaku/ryoushisenryaku.pdf,（2020 年 1 月 21 日）

＊3　内閣府統合イノベーション戦略推進会議，「量子未来社会ビジョン～量子技術により目指すべき未来社会ビジョンとその実現に向けた戦略～」, https://www8.cao.go.jp/cstp/ryoshigijutsu/ryoshimirai__220422.pdf,（2022 年 4 月 22 日）

Appendix

付録

行列とベクトル

第4章では行列が、第5章では行列の固有値と固有ベクトルが出てきました。ここでは、行列とベクトルについて、本文を理解するのに必要な事項をまとめておきます。さらに勉強したい場合は、線形代数の教科書を参照してください。

A.1　行列とベクトルの演算

● 行列とベクトルの表し方

行列は、数を長方形（または正方形）に並べたものです。$m \times n$ 行列（m 行 n 列の行列、$m \times n$ 型の行列ともいう）A は、次のように表します。

$$A = \begin{bmatrix} a_{11} & a_{12} & \cdots & a_{1n} \\ a_{21} & a_{22} & \cdots & a_{2n} \\ \vdots & \vdots & & \vdots \\ a_{m1} & a_{m2} & \cdots & a_{mn} \end{bmatrix} \tag{A.1}$$

カッコは $[\quad]$ の代わりに $(\quad)$ を使うこともあります。a_{ij} $(i=1,2,\ldots,m;\ j=1,2,\ldots,n)$ は実数または複素数で、行列 A の (i,j) 成分とよびます。式(A.1)の表記だと幅をとるので、$A = [a_{ij}]$ という表記をすることもあります。$n \times n$ 行列は、n 次**正方行列**ともいいます。

行列の横の並びを**行**といい、縦の並びを**列**といいます。たとえば式(A.1)の第 i 行と第 j 列はそれぞれ

$$\begin{bmatrix} a_{i1} & a_{i2} & \cdots & a_{in} \end{bmatrix}, \quad \begin{bmatrix} a_{1j} \\ a_{2j} \\ \vdots \\ a_{mj} \end{bmatrix} \tag{A.2}$$

となります。

　ベクトルは、1行または1列だけの行列と見なせます。たとえば、$1 \times n$行列はn次の**行ベクトル**、$m \times 1$行列はm次の**列ベクトル**ともいいます。それぞれ、式(A.2)の一つ目と二つ目の式に対応します。ベクトルを表すときは、高校では矢印の記号を使って$\vec{a}$と表す方法を習いますが、本書では太字で$\boldsymbol{a}$と表します。すべての成分が0であるベクトルを零ベクトルといい、$\boldsymbol{0}$と表します（太字にしない場合もあります）。

● 行列とベクトルの演算

　行列AとBの和および差は、AとBが同じ型の場合にだけ定義されます。二つの行列の和は各成分の和、差は各成分の差です。行列に対して、普通の数を**スカラー**といいます。行列のスカラー倍は、各成分のスカラー倍です。つまり、行列の和、差、スカラー倍の演算方法は、ベクトルの場合と同様です。

　これに対して、行列の積は少し複雑です。$m \times n$行列$A = [a_{ij}]$と$n \times r$行列$B = [b_{jk}]$の積ABは$m \times r$行列となり、その(i,k)成分をc_{ik}とすると

$$c_{ik} = a_{i1}b_{1k} + a_{i2}b_{2k} + \cdots + a_{in}b_{nk} \tag{A.3}$$

と定義されます（$i = 1,2,\ldots,m;\ k = 1,2,\ldots,r$）。普通の数の積とは違って、行列の積は一般に$AB \neq BA$ではありません。$AB = BA$となるのは特別な場合で、そのとき行列$A$と$B$は可換であるといいます。

　$m \times n$行列$A = [a_{ij}]$とn次の列ベクトル$\boldsymbol{x}$の積も同様に定義できて、次式のように書けます。

$$A\boldsymbol{x} = \begin{bmatrix} a_{11} & a_{12} & \cdots & a_{1n} \\ a_{21} & a_{22} & \cdots & a_{2n} \\ \vdots & \vdots & & \vdots \\ a_{m1} & a_{m2} & \cdots & a_{mn} \end{bmatrix} \begin{bmatrix} x_1 \\ x_2 \\ \vdots \\ x_n \end{bmatrix} = \begin{bmatrix} a_{11}x_1 + a_{12}x_2 + \cdots + a_{1n}x_n \\ a_{21}x_1 + a_{22}x_2 + \cdots + a_{2n}x_n \\ \vdots \\ a_{m1}x_1 + a_{m2}x_2 + \cdots + a_{mn}x_n \end{bmatrix} \tag{A.4}$$

● いろいろな行列

　行列Aの行と列を入れ替えたものを**転置行列**といい、A^Tと表します[*1]。行

＊1 $^t A$や$A^\top$などと表すこともあります。

列 A が式(A.1)で表されるなら、その転置行列は次のように書けます。

$$A^T = \begin{bmatrix} a_{11} & a_{21} & \cdots & a_{m1} \\ a_{12} & a_{22} & \cdots & a_{m2} \\ \vdots & \vdots & & \vdots \\ a_{1n} & a_{2n} & \cdots & a_{mn} \end{bmatrix} \tag{A.5}$$

また、転置行列の複素共役をとったものを**エルミート共役**といい、$A^{\dagger}$ と表します[*2]。行列の積の転置行列については、次の性質があります（エルミート共役についても同様です）。

$$(AB)^T = B^T A^T \tag{A.6}$$

ところで、n 次のベクトル $\boldsymbol{a}$ と $\boldsymbol{b}$ の**内積**は、次のように定義されます。

$$\boldsymbol{a} \cdot \boldsymbol{b} = a_1 b_1 + a_2 b_2 + \cdots + a_n b_n \tag{A.7}$$

$\boldsymbol{a}$ と $\boldsymbol{b}$ が列ベクトルの場合は、転置の記号を使って $\boldsymbol{a} \cdot \boldsymbol{b} = \boldsymbol{a}^T \boldsymbol{b}$ と書くこともできます。なぜなら、

$$\boldsymbol{a}^T \boldsymbol{b} = \begin{bmatrix} a_1 & a_2 & \cdots & a_n \end{bmatrix} \begin{bmatrix} b_1 \\ b_2 \\ \vdots \\ b_n \end{bmatrix} = a_1 b_1 + a_2 b_2 + \cdots + a_n b_n \tag{A.8}$$

となるからです。

$a_{11} = a_{22} = \cdots = a_{nn} = 1$ で、それ以外の成分が 0 の n 次正方行列を、**単位行列**といい、I と書きます（E と書く場合もあります）。正方行列 A に関して

$$AA^{-1} = A^{-1}A = I \tag{A.9}$$

となるような A^{-1} を、A の**逆行列**といいます。

＊2　$\dagger$ はダガーという記号です。エルミート共役は A^* などと別の記号で表すこともあります。

A.2　行列の固有値と固有ベクトル

n次正方行列Aに対して

$$Ax = \lambda x \tag{A.10}$$

を満たすベクトルx（ただし$x \neq 0$）を**固有値λに属する固有ベクトル**といいます。式(A.10)は、「行列を固有ベクトルに作用させると、固有ベクトルの固有値倍になる」ということを表しています。

5.2.2項ででてきたように行列Aがハミルトニアンの場合は、固有値λはエネルギーに対応します。これに対応する固有ベクトルは、エネルギーがλであるような**固有状態**を表します。固有値の個数は、多くてn個です。同じ固有値をもつ固有ベクトルが複数存在する場合もあります。

行列Aとそのエルミート共役$A^\dagger$が等しい場合、つまり$A = A^\dagger$のとき、行列Aは**エルミート行列**であるといいます。エルミート行列には、すべての固有値が実数であるという性質があります。観測できる物理量（観測量という）は実数であることから、量子力学では、「観測量を表す行列（演算子）はエルミート行列（エルミート演算子）である」ということが要請されます。したがって、ハミルトニアンを表す行列はエルミート行列です。

付録
B ブラックボックス最適化の補足

ここでは、4.3 節で省略した計算の詳細を補足します。

B.1　損失関数の平方完成

4.3 節では、損失関数を次式のように書いたのでした（式(4.12)の再掲）。

$$L(\boldsymbol{a}) = \sum_d \left(y^{(d)} - \sum_i a_i X_i^{(d)} \right)^2 + \lambda \sum_i a_i^2 \tag{B.1}$$

これを展開すると次のようになります。

$$
\begin{aligned}
L(\boldsymbol{a}) &= \sum_d \left\{ \left(y^{(d)} \right)^2 - 2 \sum_i a_i X_i^{(d)} y^{(d)} + \left(\sum_i a_i X_i^{(d)} \right)^2 \right\} + \lambda \sum_i a_i^2 \\
&= \sum_d \left(\sum_i a_i X_i^{(d)} \right) \left(\sum_j a_j X_j^{(d)} \right) + \lambda \sum_i a_i^2 - 2 \sum_i \left(\sum_d y^{(d)} X_i^{(d)} \right) a_i + \sum_d \left(y^{(d)} \right)^2 \\
&= \sum_{i,j} \left(\sum_d X_i^{(d)} X_j^{(d)} + \lambda \delta_{i,j} \right) a_i a_j - 2 \sum_i \left(\sum_d y^{(d)} X_i^{(d)} \right) a_i + \sum_d \left(y^{(d)} \right)^2
\end{aligned}
\tag{B.2}
$$

1 行目から 2 行目の変形では、$\left(\sum_i a_i X_i^{(d)} \right)^2$ を $\left(\sum_i a_i X_i^{(d)} \right) \left(\sum_j a_j X_j^{(d)} \right)$ と書き換えています[1]。2 行目から 3 行目の変形は、次の関係式を使っています。

$$\sum_i a_i^2 = \sum_i a_i a_i = \sum_i \left(\sum_j \delta_{i,j} a_j \right) a_i = \sum_{i,j} \delta_{i,j} a_i a_j \tag{B.3}$$

$\delta_{i,j}$ は $i = j$ のときだけ 1 で、それ以外では 0 なので、$\sum_j \delta_{i,j} a_j = a_i$ となるのがポイントです。これで、a_i の 2 次式であることはわかりましたが、実はここから平方完成の形を導出するのはややこしいです。そこで、行列とベクトル

---

[1]　添字に同じ記号 i を使うと、計算を間違ってしまうからです。例えば、$\left(\sum_{i=1}^{2} c_i \right)^2 = (c_1 + c_2)^2$ $= (c_1 + c_2)(c_1 + c_2) = c_1^2 + 2 c_1 c_2 + c_2^2$ が正しい計算ですが、同じ添字を使うと間違って $\sum_{i=1}^{2} c_i^2 = c_1^2 + c_2^2$ と計算してしまう可能性があります。

を使った表式から導出することにします。

行列とベクトル使った表記では、損失関数は次のように書けます。

$$L(\boldsymbol{a}) = \sum_d \left(y^{(d)} - \boldsymbol{a}^T X^{(d)} \right)^2 + \lambda \boldsymbol{a}^T \boldsymbol{a} \tag{B.4}$$

これを展開して変形すると

$$L(\boldsymbol{a}) = \sum_d \left\{ \left(y^{(d)} \right)^2 - 2 \boldsymbol{a}^T X^{(d)} y^{(d)} + \left(\boldsymbol{a}^T X^{(d)} \right)^2 \right\} + \lambda \boldsymbol{a}^T \boldsymbol{a} \tag{B.5}$$

となります。$\boldsymbol{a}^T X^{(d)} = X^{(d)T} \boldsymbol{a},\ \boldsymbol{a}^T \boldsymbol{a} = \boldsymbol{a}^T I \boldsymbol{a}$と書けることに注意すると

$$L(\boldsymbol{a}) = \boldsymbol{a}^T \left(\sum_d X^{(d)} X^{(d)T} + \lambda I \right) \boldsymbol{a} - \boldsymbol{a}^T \sum_d y^{(d)} X^{(d)} - \sum_d y^{(d)} X^{(d)T} \boldsymbol{a} + \sum_d \left(y^{(d)} \right)^2 \tag{B.6}$$

と表せます。ここで、右辺第1項のカッコの中身は行列になっていることに注意しましょう。これを

$$V = \sum_d X^{(d)} X^{(d)T} + \lambda I \tag{B.7}$$

と書き、この行列の逆行列をV^{-1}とすると、次のように変形できます。

$$
\begin{aligned}
L(\boldsymbol{a}) &= \boldsymbol{a}^T V \boldsymbol{a} - \boldsymbol{a}^T V V^{-1} \left(\sum_d y^{(d)} X^{(d)} \right) - \left(\sum_d y^{(d)} X^{(d)} \right)^T V^{-1} V \boldsymbol{a} + \sum_d \left(y^{(d)} \right)^2 \\
&= \left\{ \boldsymbol{a}^T - \left(\sum_d y^{(d)} X^{(d)} \right)^T V^{-1} \right\} V \left\{ \boldsymbol{a} - V^{-1} \left(\sum_d y^{(d)} X^{(d)} \right) \right\} \\
&\qquad - \left(\sum_d y^{(d)} X^{(d)} \right)^T V^{-1} \left(\sum_d y^{(d)} X^{(d)} \right) + \sum_d \left(y^{(d)} \right)^2
\end{aligned}
\tag{B.8}
$$

一番下の行はベクトル$\boldsymbol{a}$を含んでいないので、定数項です。

式(B.7)より$V^T = V$であることは明らかですが、このとき逆行列に関しても同様に$(V^{-1})^T = V^{-1}$であることが示せます。これを使って式(B.8)を書き換えると

$$L(\boldsymbol{a}) = \left\{ \boldsymbol{a} - V^{-1} \left(\sum_d y^{(d)} X^{(d)} \right) \right\}^T V \left\{ \boldsymbol{a} - V^{-1} \left(\sum_d y^{(d)} X^{(d)} \right) \right\} + (\text{定数項})$$

(B.9)

となります。これを、$V = [V_{i,j}]$, $V^{-1} = [U_{i,j}]$ として行列とベクトルの成分を用いて書き直すと、4.3 節の式 (4.15) になります。

B.2 多変数ガウス分布

ガウス分布は、正規分布ともいいます。**平均** μ で**分散** σ^2 のガウス分布の確率密度関数は、次式で与えられます。

$$f(x) = \frac{1}{\sqrt{2\pi\sigma^2}} \exp\left(-\frac{(x-\mu)^2}{2\sigma^2} \right)$$

(B.10)

この関数は、**図 B.1** に示したように、釣鐘のような形をしています。また、他の確率密度関数と同様に、$\int_{-\infty}^{\infty} f(x)\, dx = 1$ となります。式 (B.10) の平均 μ は分布の中心を、分散 σ^2 は広がり具合を表しています。分散は、**不確かさ**とも解釈できます。分散が大きいと、確率密度関数は横に広がった形状になるからです。

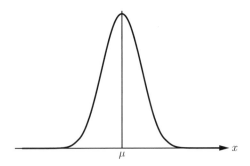

図 B.1 ガウス分布の確率密度関数の概形

多変数ガウス分布は、ガウス分布を多次元へと一般化したものです。その確率密度関数は、次式に比例します。

$$\exp\left[-\frac{1}{2}(x-\mu)^T\Sigma^{-1}(x-\mu)\right] \tag{B.11}$$

ここで、μは**平均ベクトル**、Σは**分散共分散行列**といいます。

4.3 節の場合に当てはめると、xは係数ベクトル aに対応します。平均ベクトルと分散共分散行列は、式(B.9)を反映するようにとります。すなわち

$$\mu=V^{-1}\left(\sum_d y^{(d)}X^{(d)}\right),\qquad \frac{1}{2}\Sigma^{-1}=V \tag{B.12}$$

とします。こうして、データから多変数ガウス分布の形が決まり、それを係数ベクトルの推定に使えるようになります。

付録 C 量子アルゴリズムの補足

ここでは、5.2節で紹介した代表的なアルゴリズムについて、数式などを使ってもう少し詳しく説明します。

C.1 ブラケット記法

本文中では、0の量子状態を$|0\rangle$、1の量子状態を$|1\rangle$と紹介しましたが、これらは次のような2次の列ベクトルに対応します。

$$|0\rangle=\begin{bmatrix}1\\0\end{bmatrix}, \qquad |1\rangle=\begin{bmatrix}0\\1\end{bmatrix} \tag{C.1}$$

任意の1量子ビット状態$|\psi\rangle$は次式で表せます。

$$|\psi\rangle=\alpha|0\rangle+\beta|1\rangle=\begin{bmatrix}\alpha\\\beta\end{bmatrix} \tag{C.2}$$

係数のα、βは複素数で、$|\alpha|^2+|\beta|^2=1$となるのでした。ところで、式(C.2)のエルミート共役は次のように表します。

$$\langle\psi|=\begin{bmatrix}\alpha^* & \beta^*\end{bmatrix} \tag{C.3}$$

ここで、α^*とβ^*はそれぞれαとβの複素共役です。$\langle\psi|$と$|\psi\rangle$の積は次のように書けます。

$$\langle\psi|\psi\rangle=\begin{bmatrix}\alpha^* & \beta^*\end{bmatrix}\begin{bmatrix}\alpha\\\beta\end{bmatrix}=\alpha^*\alpha+\beta^*\beta=|\alpha|^2+|\beta|^2=1 \tag{C.4}$$

これは、$|\psi\rangle$のベクトルの大きさの2乗が1であること、すなわち、$|\psi\rangle$が単位ベクトルであることを示しています。

2量子ビットの状態は、たとえば$|0\rangle|0\rangle$というようにケットを並べて書

くこともありますが、まとめて $|00\rangle$ と書くことが多いです。3量子ビット以上の場合も同様です。ただし、n 個の量子ビットがすべて $|0\rangle$ の状態など、個数が多い場合は $|0\rangle^{\otimes n}$ と表すこともあります。

　$\langle x|y\rangle$ は $|x\rangle$ と $|y\rangle$ の**内積**を表します。$|x\rangle$ と $|y\rangle$ が直交する場合は $\langle x|y\rangle = 0$ となります。$|x\rangle$ と $|y\rangle$ は一般には複素数なので、$\langle x|y\rangle = \langle y|x\rangle^*$ ですが、実数の場合は $\langle x|y\rangle = \langle y|x\rangle$ です。

　$|0\rangle$ と $|1\rangle$ は直交します。また、$|00\rangle$ と $|10\rangle$ など、異なるビット列の状態も直交します。逆に、同じビット列の状態の内積は1です。たとえば、$\langle 0|0\rangle = \langle 1|1\rangle = 1,\ \langle 00|00\rangle = \langle 01|01\rangle = \langle 10|10\rangle = \langle 11|11\rangle = 1$ です。

C.2　ドイチュ・ジョサのアルゴリズム

　ドイチュ・ジョサのアルゴリズムは、オラクルに実装された関数 $f(x)$ が**定値**か**均等**かを判断する量子アルゴリズムで、**図C.1** のような量子回路で実行できるのでした。この図では、途中経過の説明のために破線を入れています。

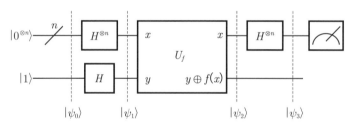

図C.1　ドイチュ・ジョサのアルゴリズムの量子回路

まず、初期状態は次のように表せます。

$$|\psi_0\rangle = |0\rangle^{\otimes n}|1\rangle \tag{C.5}$$

次に、すべての量子ビットに H ゲートを作用させると、次のようになります。

$$|\psi_1\rangle = \frac{1}{\sqrt{2^{n+1}}} \sum_x |x\rangle \left(|0\rangle - |1\rangle\right) \tag{C.6}$$

ここで、$|x\rangle$ は n 個のビット列 $x = x_1 x_2 \cdots x_n$ に対応する量子状態を表します。x_i は i 番目の量子ビットに対応していて、値は 0 または 1 です。x についての和をとることで、2^n 通りのビット列の均等な重ね合わせ状態ができます。

　ここにオラクルに対応する量子ゲート U_f を作用させると、次式のように変化します。

$$|\psi_2\rangle = \frac{1}{\sqrt{2^{n+1}}} \sum_x |x\rangle \left(|0 \oplus f(x)\rangle - |1 \oplus f(x)\rangle \right) \tag{C.7}$$

補助量子ビットの状態は、$f(x) = 0$ ならば変化はなく、$\frac{1}{\sqrt{2}}(|0\rangle - |1\rangle)$ のままです。しかし、$f(x) = 1$ ならば $\frac{1}{\sqrt{2}}(|0 \oplus 1\rangle - |1 \oplus 1\rangle) = \frac{1}{\sqrt{2}}(|1\rangle - |0\rangle) = -\frac{1}{\sqrt{2}}(|0\rangle - |1\rangle)$ となり、符号が反転するのがわかります。これを考慮して式(C.7)を書き換えると、次のようになります。

$$|\psi_2\rangle = \frac{1}{\sqrt{2^{n+1}}} \sum_x (-1)^{f(x)} |x\rangle (|0\rangle - |1\rangle) \tag{C.8}$$

　最後に測定する前に、n 個の量子ビットに再び H ゲートを作用させると、次式のように変化します。

$$|\psi_3\rangle = \frac{1}{2^n} \sum_x (-1)^{f(x)} \left[\sum_y (-1)^{x \cdot y} |y\rangle \right] \frac{|0\rangle - |1\rangle}{\sqrt{2}} \tag{C.9}$$

ここで、$x \cdot y = x_1 y_1 + x_2 y_2 + \cdots + x_n y_n$ はビットごとの積の和です。

　測定するのは n 個の量子ビットだけです。n 個すべてのビットが 0 という測定結果を得る確率は、式(C.9)における $|0\rangle^{\otimes n}$ の係数なので

$$\left| \frac{1}{2^n} \sum_x (-1)^{f(x)} \right|^2 \tag{C.10}$$

となります。$f(x)$ が定値なら、$\sum_x (-1)^{f(x)} = 2^n$ または -2^n となるので、n 個すべてのビットが 0 となる確率は 1 です。$f(x)$ が均等なら、$\sum_x (-1)^{f(x)} = 0$ なので、すべてのビットが 0 となる確率は 0、つまり必ず別の状態が観察されるということになります。

● 例：2 ビットの場合

簡単な例として 2 ビットの場合を考えてみましょう。初期状態は

$$|\psi_0\rangle = |00\rangle|1\rangle \tag{C.11}$$

です。すべての量子ビットに H ゲートを作用させると

$$|\psi_1\rangle = \frac{1}{2\sqrt{2}}(|00\rangle + |01\rangle + |10\rangle + |11\rangle)(|0\rangle - |1\rangle) \tag{C.12}$$

となります。

オラクルの関数が定値、たとえば $f(x) = 1$ の場合に、量子ゲート U_f を作用させると、

$$|\psi_2\rangle = \frac{1}{2\sqrt{2}}(|00\rangle + |01\rangle + |10\rangle + |11\rangle)(|1\rangle - |0\rangle) \tag{C.13}$$

となります。次に、前の二つの量子ビットに H ゲートを作用させます。

$$
\begin{aligned}
|\psi_3\rangle &= -\frac{1}{4\sqrt{2}}\{(|0\rangle + |1\rangle)(|0\rangle + |1\rangle) + (|0\rangle + |1\rangle)(|0\rangle - |1\rangle) \\
&\quad + (|0\rangle - |1\rangle)(|0\rangle + |1\rangle) + (|0\rangle - |1\rangle)(|0\rangle - |1\rangle)\}(|0\rangle - |1\rangle) \\
&= -\frac{1}{4\sqrt{2}}\{(|00\rangle + |01\rangle + |10\rangle + |11\rangle) + (|00\rangle - |01\rangle + |10\rangle - |11\rangle) \\
&\quad + (|00\rangle + |01\rangle - |10\rangle - |11\rangle) + (|00\rangle - |01\rangle - |10\rangle + |11\rangle)\}(|0\rangle - |1\rangle) \\
&= -\frac{1}{\sqrt{2}}|00\rangle(|0\rangle - |1\rangle)
\end{aligned}
\tag{C.14}
$$

ここで前の二つの量子ビットを測定すれば、00 の状態が得られることになります。

オラクルの関数が均等、たとえば $f(00) = f(01) = 0,\ f(10) = f(11) = 1$ の場合に量子ゲート U_f を作用させると、

$$|\psi_2\rangle=\frac{1}{2\sqrt{2}}\{(|00\rangle+|01\rangle)(|0\rangle-|1\rangle)+(|10\rangle+|11\rangle)(|1\rangle-|0\rangle)\}$$

$$=\frac{1}{2\sqrt{2}}(|00\rangle+|01\rangle-|10\rangle-|11\rangle)(|0\rangle-|1\rangle)$$

(C.15)

となります。次に、前の二つの量子ビットにHゲートを作用させます。

$$|\psi_3\rangle=\frac{1}{4\sqrt{2}}\{(|0\rangle+|1\rangle)(|0\rangle+|1\rangle)+(|0\rangle+|1\rangle)(|0\rangle-|1\rangle)$$

$$-(|0\rangle-|1\rangle)(|0\rangle+|1\rangle)-(|0\rangle-|1\rangle)(|0\rangle-|1\rangle)\}(|0\rangle-|1\rangle)$$

$$=\frac{1}{4\sqrt{2}}\{(|00\rangle+|01\rangle+|10\rangle+|11\rangle)+(|00\rangle-|01\rangle+|10\rangle-|11\rangle)$$

$$-(|00\rangle+|01\rangle-|10\rangle-|11\rangle)-(|00\rangle-|01\rangle-|10\rangle+|11\rangle)\}(|0\rangle-|1\rangle)$$

$$=\frac{1}{\sqrt{2}}|10\rangle(|0\rangle-|1\rangle)$$

(C.16)

ここで前の二つの量子ビットを測定すれば、10 の状態が得られることになります。ただし、測定される状態は、$f(x)$ の設定によって異なります。

　本文中でも説明したように、理論的には 1 回の測定で定値か均等かを判断できますが、実機で計算する場合には注意が必要です。ノイズの影響が無視できない実機では、いつでも理想的な状態が測定されるとは限らないので、複数回実行してみる必要があります。

C.3　グローバーの量子探索アルゴリズム

　グローバーの量子探索アルゴリズムでは、入力データに関するオラクルへの問い合わせと、確率振幅の増幅を交互に繰り返すのでした。本文中では確率振幅の変化を追って説明しましたが、ここでは数式を使って説明します。

　はじめに、すべての状態の均等な重ね合わせ状態を準備します。これを$|s\rangle$と書くことにします。N個のデータ中、M個が正解のデータだとして、正解のデータの状態の和を$|w\rangle$、そうでない状態の和を$|v\rangle$と書くことにします。

$$|w\rangle = \frac{1}{\sqrt{M}} \sum_{x\,\text{が正解}} |x\rangle, \qquad |v\rangle = \frac{1}{\sqrt{N-M}} \sum_{x\,\text{が不正解}} |x\rangle \tag{C.17}$$

$\langle w|w\rangle = \langle v|v\rangle = 1$ となるように、それぞれの係数を決めました。また、$\langle w|v\rangle = \langle v|w\rangle = 0$ です。このとき、$|s\rangle$ を次のように表します。

$$|s\rangle = \sin\theta\,|w\rangle + \cos\theta\,|v\rangle \tag{C.18}$$

ただし、$\sin\theta = \sqrt{M/N}$, $\cos\theta = \sqrt{(N-M)/N}$ とします。このとき、$\langle s|s\rangle = 1$ となっていることに注意しましょう。

オラクルの操作を U_w と表すと、データ x の量子状態 $|x\rangle$ は、この操作によって次式のように変化するのでした。

$$U_w|x\rangle = (-1)^{f(x)}|x\rangle = \begin{cases} -|x\rangle, & (x\,\text{が正解}) \\ |x\rangle, & (\text{それ以外}) \end{cases} \tag{C.19}$$

これを、はじめの状態 $|s\rangle$ に作用させると

$$U_w|s\rangle = -\sin\theta\,|w\rangle + \cos\theta\,|v\rangle \tag{C.20}$$

となります。

つづいて**確率振幅の増幅操作**を行います。この操作は、次式で表せます。

$$U_s = 2|s\rangle\langle s| - I \tag{C.21}$$

これを $U_w|s\rangle$ に作用させて、式(C.18)を使うと

$$\begin{aligned} U_s U_w|s\rangle &= (2|s\rangle\langle s| - I)(-\sin\theta\,|w\rangle + \cos\theta\,|v\rangle) \\ &= (2|s\rangle\langle s| - I)(|s\rangle - 2\sin\theta\,|w\rangle) \end{aligned} \tag{C.22}$$

となります。ここで、$|s\rangle\langle s|s\rangle = |s\rangle$, $|s\rangle\langle s|w\rangle = (\langle s|w\rangle)|s\rangle$ と書けることに注意しましょう。式(C.18)より $\langle s|w\rangle = \sin\theta$ となるので、次のように変形できます。

$$
\begin{aligned}
U_s U_w |s\rangle &= 2|s\rangle - 4\sin^2\theta|s\rangle - |s\rangle + 2\sin\theta|w\rangle \\
&= (1 - 4\sin^2\theta)|s\rangle + 2\sin\theta|w\rangle \\
&= (3\sin\theta - 4\sin^3\theta)|w\rangle + (4\cos^3\theta - 3\cos\theta)|v\rangle \\
&= \sin 3\theta|w\rangle + \cos 3\theta|v\rangle
\end{aligned}
\tag{C.23}
$$

式(C.18)と見比べると、θ が 3θ に変化したのがわかります。

　オラクルの操作と確率振幅の増幅操作を k 回繰り返すと

$$
(U_s U_w)^k |s\rangle = \sin(2k+1)\theta|w\rangle + \cos(2k+1)\theta|v\rangle
\tag{C.24}
$$

となります。$(2k+1)\theta = \pi/2$ となるとき、$\sin(\pi/2) = 1$、$\cos(\pi/2) = 0$ なので $(U_s U_w)^k |s\rangle = |w\rangle$ となって、正解の状態が得られます。しかし、ちょうど $(2k+1)\theta = \pi/2$ となるような k が存在するとは限らないので、それに最も近くなるような k の値を選びます。データの総数に対して正解データの数が非常に少ない場合、つまり $M \ll N$ の場合、$\theta \approx \sin\theta = \sqrt{M/N}$ と近似できます。このとき、

$$
k \approx \frac{\pi}{4}\sqrt{\frac{N}{M}} - \frac{1}{2} \sim \sqrt{\frac{N}{M}}
\tag{C.25}
$$

と見積もることができます。

● 例：2量子ビットの場合

　簡単な例として2量子ビットの場合を考えてみます。データの数は $N = 2^2 = 4$ で、正解データは $M = 1$ 個だとします。$\sin\theta = \sqrt{M/N} = 1/2$ となるのは $\theta = \pi/6$ のときなので、$(2k+1)\theta = \pi/2$ を満たすのは、$k = 1$ となります。つまり、オラクルの操作と確率振幅の増幅操作は1回ずつで済みます。

　均等な重ね合わせ状態は

$$
|s\rangle = \frac{1}{2}(|00\rangle + |01\rangle + |10\rangle + |11\rangle)
\tag{C.26}
$$

です。ここでは、正解データの状態を $|01\rangle$ だとしましょう。その場合、オラ

クルの操作を施すと次式になります。

$$U_w|s\rangle = \frac{1}{2}(|00\rangle - |01\rangle + |10\rangle + |11\rangle) = |s\rangle - |01\rangle \tag{C.27}$$

つづいて確率振幅の増幅操作を施すと、次のようになります。

$$\begin{aligned} U_s U_w|s\rangle &= (2|s\rangle\langle s| - I)(|s\rangle - |01\rangle) \\ &= (2|s\rangle\langle s|s\rangle - 2|s\rangle\langle s|01\rangle - |s\rangle + |01\rangle) \end{aligned} \tag{C.28}$$

ここで、$\langle s|s\rangle = 1$, $\langle s|01\rangle = 1/2$ であることを使うと、$U_s U_w|s\rangle = |01\rangle$ となります。つまり、正解データの状態が得られます。

　この例は、$k=1$ のとき確率 1 で正解データが得られる場合でした。確率がぴったり 1 になるような回数 k が存在しない場合には、$U_s U_w|s\rangle$ はいくつかの状態の重ね合わせになります。その中で、最も確率振幅の大きい状態が正解データに対応します。

もっと勉強したい人のために

　本書の終わりに、量子コンピューティングについて、もっと勉強したい場合に参考になる書籍を紹介します。

●渡邊靖志『入門講義　量子コンピュータ』（講談社、2021）
　ゲート型量子コンピュータの話が中心ですが、アニーリング型量子コンピュータおよび疑似量子コンピュータに関する話題も網羅しています。量子力学を学んでいない読者への配慮もされていて、量子コンピューティングに関する幅広い知識の習得に役立ちます。

●藤井啓祐『驚異の量子コンピュータ　宇宙最強マシンへの挑戦』（岩波書店、2019）
　ゲート型量子コンピュータの話が中心で、量子コンピュータの研究の歴史から、今後の展望までをわかりやすく解説しています。量子コンピュータの魅力をもっと知りたい人におすすめです。

●西森秀稔、大関真之『量子コンピュータが人工知能を加速する』（日経BP社、2016）
●寺部雅能、大関真之『量子コンピュータが変える未来』（オーム社、2019）
　アニーリング型量子コンピュータの話が中心です。アニーリング型量子コンピュータの歴史や、その活用事例が紹介されています。量子コンピューティングを活用して何ができるのかを考えるうえで、参考になります。

●M. A. Nielsen and I. L. Chuang, "Quantum Computation and Quantum Information: 10th Anniversary Edition" (Cambridge University Press, 2010)
●M. A. Nielsen, I. L. Chuang著、木村達也 訳

➢ 『量子コンピュータと量子通信Ⅰ　−量子力学とコンピュータ科学−』
（オーム社、2004）

➢ 『量子コンピュータと量子通信Ⅱ　−量子コンピュータとアルゴリズム−』
（オーム社、2005）

➢ 『量子コンピュータと量子通信Ⅲ　−量子通信・情報処理と誤り訂正−』
（オーム社、2005）

ゲート型量子コンピュータの計算原理や理論的側面を本格的に勉強したい人におすすめの専門書です。大学の教養レベルの数学が必要になります。

現在は、量子コンピューティングについて学べるWebサイトも増えています。本文中でもコラムなどで紹介しましたが、ここではそれ以外のものを紹介します[1]。すべて日本語で書かれています。

● Quantum Native Dojo, https://dojo.qulacs.org
ゲート型量子コンピュータの基本や量子アルゴリズムについて学べる自習教材です。Jupyter notebookの形式で書かれているので、実際に実行しながら学ぶことができます。

● Qmedia, https://www.qmedia.jp/
研究者が書いた量子関連の情報がまとまっています。さまざまなタイプの量子コンピュータについての解説をはじめとして、量子コンピューティングを活用した企業活動に関する記事などもあります。

● Qiskit Textbook, https://qiskit.org/learn/
ゲート型量子コンピュータでの計算の基本と量子アルゴリズムに加えて、IBMの量子コンピュータのハードウェアなどについても学べます。英語版だけでなく日本語版もあります。

＊1　2023年現在の情報です。Webサイトが急に変更される場合もあるのでご注意ください。

- Quantum annealing for you, https://altema.is.tohoku.ac.jp/QA4U/
- Quantum annealing for you 2nd party, https://altema.is.tohoku.ac.jp/QA4U2/

  2021年および2023年に東北大学の主催で行われた、量子アニーリングに関するワークショップのイベントのサイトです。イベントで行われた講義内容や演習、卒業試験などがまとめられています。

- Quantum computing for you, https://altema.is.tohoku.ac.jp/QC4U/

  2022年に東北大学の主催で行われた、量子コンピューティングを学ぶイベントのサイトです。2021年および2023年のイベントでは量子アニーリングを扱っていたのに対して、このイベントではゲート型量子コンピュータを扱っていました。

- Q-Portal, https://q-portal.riken.jp/

  量子関連の最新情報を提供する総合サイトです。量子科学技術関連のニュース、イベント、学習情報など、多方面で役に立つさまざまな情報が入手できます。

索 引

〈著者略歴〉

工藤和恵 （くどう　かずえ）

2000 年　お茶の水女子大学理学部物理学科卒業
2002 年　お茶の水女子大学大学院人間文化研究科博士前期課程修了
2005 年　お茶の水女子大学大学院人間文化研究科博士後期課程修了。博士（理学）
同　年　大阪市立大学大学院工学研究科 日本学術振興会特別研究員（PD）
2008 年　お茶の水女子大学お茶大アカデミック・プロダクション 特任助教
2012 年　お茶の水女子大学大学院人間文化創成科学研究科（理学部情報科学科）准教授
現　在　お茶の水女子大学基幹研究院自然科学系（理学部情報科学科）准教授
　　　　東北大学大学院情報科学研究科 准教授（クロスアポイントメント）
専門分野は統計物理学（特に量子スピン系）。
新しい研究手法としての量子コンピューティングに興味がある。

基礎から学ぶ量子コンピューティング
　―イジングマシンのしくみを中心に―

2023 年 6 月 25 日　　第 1 版第 1 刷発行

著　　者　　工藤和恵
発 行 者　　村上和夫
発 行 所　　株式会社 オーム社
　　　　　　郵便番号　101-8460
　　　　　　東京都千代田区神田錦町 3-1
　　　　　　電話　03(3233)0641（代表）
　　　　　　URL　https://www.ohmsha.co.jp/

© 工藤和恵 2023

印刷・製本　三美印刷
ISBN978-4-274-23050-9　Printed in Japan

本書の感想募集 https://www.ohmsha.co.jp/kansou/
本書をお読みになった感想を上記サイトまでお寄せください。
お寄せいただいた方には、抽選でプレゼントを差し上げます。

量子コンピュータで変わる世界はもう目の前に！

量子コンピュータが変える未来

寺部雅能・大関真之　共著

定価〔本体1600円【税別】　四六判／346頁

CONTENTS

このような方におすすめ

- 量子コンピュータの導入を検討している企業・機関の技術者、システム開発者、商品開発にたずさわる方
- 量子コンピュータの研究にたずさわる大学学部生、院生、研究者
- 10年後の社会の姿をおさえておきたいビジネスマン
- 量子コンピュータに興味はあるけど難しい本ばかりで挫折してしまった方
- 先進的な取組みを行う企業に興味のある学生

もっと詳しい情報をお届けできます．
○書店に商品がない場合または直接ご注文の場合も右記宛にご連絡ください．

ホームページ https://www.ohmsha.co.jp/
TEL／FAX TEL.03-3233-0643 FAX.03-3233-3440

（定価は変更される場合があります）

B-1908-89